高等职业教育测绘类新编技能型系列规划教材

数字测量技术

主　编　孙雪梅
副主编　陈大鹏

黄河水利出版社
·郑　州·

内 容 提 要

本书系统地介绍了数字测量的理论、技术和方法。内容包括:数字测量基本理论的理解和数字测量系统使用的软、硬件设备及发展前沿;数字测量所用到的基础数学理论、采用的坐标系及数字测量的工作流程;测量工作基本原则,高程控制测量的基本理论和方法;平面控制的基本理论和方法,并涉及距离测量、角度测量和导线测量;全站仪、GPS 等在大比例尺测图中的使用方法和测图理论;数字化成图软件南方 CASS 的使用;数字地形图在各行业中的应用。

本书可供高职高专院校测绘工程、GIS 等测绘类专业教学使用,也可作为从事测绘工程及相关工作技术人员的学习参考用书。

图书在版编目(CIP)数据

数字测量技术/孙雪梅主编. —郑州:黄河水利出版社,2012.8

高等职业教育测绘类新编技能型系列规划教材

ISBN 978-7-5509-0322-7

Ⅰ. ①数… Ⅱ. ①孙… Ⅲ. ①数字测量法 Ⅳ. ①P204

中国版本图书馆 CIP 数据核字(2012)第 185782 号

出 版 社:黄河水利出版社

地址:河南省郑州市顺河路黄委会综合楼 14 层 邮政编码:450003

发行单位:黄河水利出版社

发行部电话:0371-66026940、66020550、66028024、66022620(传真)

E-mail:hhslcbs@126.com

承印单位:郑州海华印务有限公司

开本:787 mm×1 092 mm 1/16

印张:10.75

字数:262 千字 印数:1—4 000

版次:2012 年 8 月第 1 版 印次:2012 年 8 月第 1 次印刷

定价:24.00 元

前　言

在计算机技术和信息科学高度发展的当今,测绘技术新方法也迅猛发展。仅靠纸质地图提供的信息已无法满足需要,取而代之的是在经济建设的各个行业中广泛应用的,基于区域性或全国性的数字地图及各种各样的地图数据库管理系统和地理信息系统。目前,以电子化测量仪器和计算机应用软件为主体的数字测量技术已成为应用最广泛、技术最普及、大多数测绘工作者必须掌握的现代测绘新技术。

"数字测量"是高职高专测绘工程专业及相关专业的一门实践性较强的专业课,是综合运用基础知识、完成本专业培养目标,即培养高素质、技能型、应用型、复合型人才而进行职业技能训练的主要课程之一。该课程在各学校都是作为入门的专业课程开设的。针对本课程的特点及其重要性,教材在编写过程中遵循使学生建立对数字测量整体概念的理解,使学生掌握测绘大比例地形图的技能和数字成图的作业流程及组织。

为使本教材具有较强的实用性和通用性,突出"以能力为本位"的指导思想,本教材在编写过程中,特邀一线工程技术人员参与,在编写时力求做到:基本概念准确,各部分内容紧扣培养目标,文字简练,通俗易懂,相互协调,职业能力层层递进;不过分强调理论的系统性,努力避免内容贪多求全,教材内容理论联系实际,结合测量规范,以工作任务为载体,突出其作业流程。本书的设置特点是有效提高学生的动手能力、学习能力、分析解决实际问题的能力。

教材的内容设置上,根据知识点先易后难的原则,并且考虑数字测量工作流程来组织课程内容的编排。以数字测量的工作流程为主线,最后以数字地形图的成果应用结尾。具体内容首先以数字测量基本理论为依据,应用当前最先进的测绘仪器来完成控制测量、野外地形数据采集、处理,并应用最前沿的数字成图软件熟练绘制成图。整体内容流程清晰、周全缜密、成果突出。

本教材由孙雪梅教授担任主编,由陈大鹏担任副主编。本书编写分工如下:王巍(黑龙江农业工程职业学院)编写第一章、第二章,孙雪梅(黑龙江农业工程职业学院)编写第三章,陈大鹏(黑龙江林业职业技术学院)编写第四章,刘朋俊(黄河勘测规划设计有限公司测绘信息工程院)编写第五章、第七章,李赢(黑龙江农业工程职业学院)编写第六章。

数字测量的理论、技术和方法在不断的更新和发展中,尽管本书力求紧随发展前沿,采用最新技术和方法,但由于编者水平有限,书中不妥和遗漏之处在所难免,有待进一步完善和提高,恳请读者批评指正。

编　者

2012 年 3 月

前言

目 录

第一章　绪　论

学习目标

➢ 掌握测绘学的任务及地位；
➢ 掌握数字测量的概念及特点；
➢ 了解数字测量的硬件系统组成；
➢ 掌握测绘学的分支。

任务一　数字测量概述

【任务描述】

初步认识数字测量、测绘学的任务及地位和作用。

【任务解析】

➢ 测绘学的任务；
➢ 测绘学的分支；
➢ 测绘学的地位；
➢ 数字测量的概念；
➢ 数字测量的特点。

【相关知识】

一、测绘学的任务及作用

（一）测绘学的定义、内容、任务

测绘学是研究测定和推算地面的几何位置、地球形状及地球重力场的方法，据此测量地球表面自然形态和人工设施的几何分布，并结合某些社会信息和自然信息的地球分布，编制全球和局部地区各种比例尺的地图及专题地图的理论与技术的学科，是地球科学的重要组成部分。

（二）测绘学的分支学科

测绘学的分支学科有大地测量学、摄影测量与遥感学、地图制图学、工程测量学、海洋测绘学等。

（1）大地测量学是研究和确定地球的形状、大小、重力场、整体与局部运动和地表面点的几何位置以及它们的变化的理论与技术的学科。

（2）摄影测量与遥感学是研究利用电磁波传感器获取目标物的影像数据，从中提取语义和非语义信息，并用图形、图像和数字形式表达的一门学科。

（3）地图制图学是研究模拟地图和数字地图的基础理论、设计、编绘、复制的技术方法以及应用的学科。

（4）工程测量学是研究进行工程建设和自然资源开发时，在规划、勘测设计、施工和运营管理各个阶段进行的控制测量、大比例尺地形测绘、地籍测绘、施工放样、设备安装、变形监测及分析与预报等的理论和技术的学科。

（5）海洋测绘学是以海洋水体和海底为对象，研究海洋定位，测定海洋大地水准面和平均海面、海底和海面地形、海洋重力、海洋磁力、海洋环境等自然和社会信息的地理分布及编制各种海图的理论和技术的学科。

（三）测绘科学技术的地位和作用

测绘科学技术的应用范围非常广，测绘科学技术在国民经济建设、国防建设以及科学研究等领域都占有重要的地位，对国家可持续发展发挥着越来越重要的作用。

测绘工作常被人们称为建设的尖兵，不论是国民经济建设还是国防建设，其勘测、设计、施工、竣工及运营等阶段都需要测绘工作，而且都要求测绘工作"先行"。

（1）在国民经济建设方面，测绘信息是国民经济和社会发展规划中最重要的基础信息之一。测绘工作为国土资源开发利用，工程设计和施工，城市建设、工业、农业、交通、水利、林业、通信、地矿等部门的规划和管理提供地形图和测绘资料。另外，土地利用和土壤改良、地籍管理、环境保护、旅游开发等都需要测绘工作，都要应用测绘工作成果。

（2）在国防建设方面，测绘工作为打赢现代化战争提供测绘保障。各种国防工程的规划、设计和施工需要测绘工作，战略部署、战役指挥离不开地形图，现代测绘科学技术对保障远程导弹、人造卫星或航天器的发射及精确入轨起着非常重要的作用，现代军事科学技术与现代测绘科学技术已经紧密结合在了一起。

（3）在科学研究方面，在诸如航天技术、地壳形变、地震预报、气象预报、滑坡监测、灾害预测和防治、环境保护、资源调查以及其他科学研究中，都要应用测绘科学技术，需要测绘工作的配合。地理信息系统（Geographic Information System，GIS）、数字城市、数字中国、数字地球的建设都需要现代测绘科学技术提供基础数据信息。

近十几年来，随着空间科学、信息科学的飞速发展，全球定位系统（Global Positioning System，GPS）、遥感（Remote Sensing，RS）、地理信息系统（GIS）技术已成为当前测绘工作的核心技术。计算机和网络通信技术的普遍采用，测绘领域早已从陆地扩展到海洋、空间，由地球表面延伸到地球内部；测绘技术体系从模拟转向数字、从地面转向空间、从静态转向动态，并进一步向网络化和智能化方向发展；测绘成果已从三维发展到四维、从静态发展到动态。随着新的理论、方法、仪器和技术手段不断涌现及国际间测绘学术交流合作日益密切，我国的测绘事业必将取得更多更大的成就。每个测绘工作者有责任兢兢业业，不避艰辛，努力当好国民经济建设的尖兵，为我国的经济建设和社会发展多做贡献。

二、数字测量的概念及特点

（一）数字测量的概念

传统测量（白纸测量）实质上是图解法测量，在测量过程中，数字的精度由于受刺点、绘图、图纸伸缩变形等因素的影响会大大降低，而且工序多、劳动强度大、质量管理难。在当今信息时代，纸质地形图已难承载诸多图形信息，更新也极不方便，难以适应信息时代经济建设的需要。

数字测量实质上是一种全解析机助测量方法,数字测量地形信息的载体是计算机的存储介质(磁盘或光盘),它提交的成果是可供计算机处理、远距离传输、多方共享的数字地形图数据文件,通过数控绘图仪可输出地形图。另外,利用数字地形图可生成电子地图和数字地面模型(DTM)。更具深远意义的是,数字地形信息作为地理空间数据的基本信息之一,成为地理信息系统(GIS)的重要组成部分。

广义的数字测量包括:利用全站仪或其他测量仪器进行野外数字化测量,利用手扶数字化仪或扫描数字化仪对纸质地形图的数字化,以及利用航摄、遥感像片进行数字化测量等技术。利用上述技术将采集到的地形数据传输到计算机,由数字成图软件进行数据处理,经过编辑、图形处理,生成数字地形图。

(二)数字测量的特点

1. 点位精度高

传统的经纬仪配合平板、量角器的图解测图方法,其地物的平面位置误差主要受展绘误差和测定误差、测定地物点的视距误差和方向误差、地形图上地物点的刺点误差等的影响。实际的图上误差可达 ±0.47 mm。用经纬仪视距法测定地形点高程时,即使在较平坦地区视距为 150 m,地形点高程测定误差也达 ±0.06 m,而且随着倾斜角的增大,高程测定误差会急剧增加。如在 1:500 的地籍测量中测绘房屋要用皮尺或钢尺量距用坐标法展点。普及了红外测距仪和电子速测仪后,虽然测距和测角精度大大提高,但是沿用白纸测量的方法绘制的地形图却体现不出仪器精度的提高,也就是说,无论怎样提高测距和测角的精度,图解地形图的精度变化不大,浪费了应有的精度,这就是白纸测量致命的弱点。而数字测量则不同,测定地物点误差在 450 m 内约为 ±15 mm,测定地形点高差误差约为 ±18 mm。电子速测仪的测量数据作为电子信息可以自动传输、记录、存储、处理和成图。在全过程中原始数据的精度毫无损失,从而可获得高精度(与仪器测量同精度)的测量成果。数字地形图最好地反映了外业测量的高精度,也最好地体现了仪器发展更新、精度提高等高科技进步的价值。

2. 测图用图自动化

数字测量使野外测量自动记录、自动解算,使内业数据自动处理、自动成图、自动绘图,并向用图者提供可处理的数字图软盘,用户可自动提取图数信息,使其作业效率高,劳动强度小,错误概率小,绘制的地形图精确、美观、规范。

3. 改进了作业方式

传统的方式主要是通过手工操作、外业人工记录、人工绘制地形图,并且在图上人工量算坐标、距离和面积等。数字测量则使野外测量达到自动记录、自动解算处理、自动成图,并且提供了方便使用的数字地图软盘。数字测量自动化的程度高,出错(读错、记错、展错)的概率小,能自动提取坐标、距离、方位和面积等。绘出的图形精确、规范、美观。

4. 便于图件成果的更新

城镇的发展加速了城镇建筑物和结构的变化,采用地面数字测量能克服大比例尺白纸测量连续更新的困难。数字测量的成果是以点的定位信息和绘图信息存入计算机的,实地房屋的改进扩建、变更地籍或房产时,只需输入变化信息的坐标、代码,经过数据处理就能方便地做到更新和修改,始终保持图面整体的可靠性和现势性,数字测量可谓"一劳永逸"。

5. 避免因图纸伸缩带来的各种误差

随着时间的推移,表示在图纸上的地图信息随图纸变形而产生误差。数字测量的成果以数字信息保存,能够使测图、用图的精度保持一致,精度无一点损失,避免了对图纸的依赖性。

6. 能以各种形式输出成果

计算机与显示器、打印机联机时,可以显示或打印各种需要的资料信息。与绘图仪联机,可以绘制出各种比例尺的地形图、专题图,以满足不同用户的需要。

7. 成果的深加工利用

数字测量成果分层存放,可使地面信息无限存放,不受图面载负量的限制,从而便于成果的深加工利用,拓展测绘工作的服务面,开拓市场。比如 CASS 软件总共定义 26 层(用户还可以根据需要定义新层)。房屋、电力线、铁路、植被、道路、水系、地貌等均存于不同的层中,通过关闭层、打开层等操作来提取相关信息,便可方便地得到所需的测区内各类专题图、综合图,如路网图、电网图、管线图、地形图等。又如在数字地籍图的基础上,可以综合相关内容补充加工成不同用户需要的城市规划用图、城市建设用图、房地产图以及各种管理用图和工程用图。

8. 作为地理信息系统(GIS)的重要信息源

GIS 具有方便的信息查询检索功能、空间分析功能以及辅助决策功能。在国民经济、办公自动化及人们日常生活中都有广泛的应用。然而,要建立一个 GIS,花在数据采集上的时间和精力约占整个工作的 80%。GIS 要发挥辅助决策的功能,需要现势性强的地理信息资料。数字测量能提供现势性强的地理基础信息。经过一定的格式转换,其成果即可直接进入 GIS 的数据库,并可更新 GIS 的数据库。一个好的数字测量系统应该是 GIS 的一个子系统。

任务二　数字测量系统组成

【任务描述】

在掌握数字测量的概念及作用的基础上,进一步分析数字测量的系统组成。

【任务解析】

- 全站型电子速测仪;
- GPS 测量系统;
- 数字化仪;
- 绘图仪;
- 数学测图软件系统。

【相关知识】

一、硬件系统

(一)全站型电子速测仪

由于电子速测仪、电子经纬仪及微处理机的产生与性能不断完善,在 20 世纪 60 年代末出现了把电子测距、电子测角和微处理机结合成一个整体,能自动记录、存储并具备某些固定计算程序的电子速测仪。因该仪器在一个测站点能快速进行三维坐标测量、定位和自动数据采集、处理、存储等工作，较完善地实现了测量和数据处理过程的电子化与一体化，所以称为“全站型电子速测仪”，通常又称为“电子全站仪”或简称“全站仪”。

早期的全站仪由于体积大、质量大、价格昂贵等，推广应用受到了很大的限制。自20世纪80年代起，大规模集成电路和微处理机及半导体发光元件性能的不断完善和提高，使全站仪进入了成熟与蓬勃发展阶段。其表现特征是小型、轻巧、精密、耐用，并具有强大的软件功能。特别是1992年以来，新颖的电脑智能型全站仪投入世界测绘仪器市场，如索佳、拓普康、尼康、徕卡等国外仪器及南方、博飞、苏一光等国产仪器，使操作更加方便快捷，测量精度更高，内存量更大，结构造型更精美合理。

全站仪的应用范围已不只是局限于测绘工程、建筑工程、交通与水利工程、地籍与房地产测量，在大型工业生产设备和构件的安装调试、船体设计施工、大桥大坝的变形观测、地质灾害监测及体育竞技等领域中也得到了广泛应用。

全站仪的应用具有以下特点：

(1)在地形测量过程中，控制测量和地形测量可以同时进行。

(2)在施工放样测量中，可以将设计好的管线、道路、工程建筑的位置测设到地面上，实现三维坐标快速施工放样。

(3)在变形观测中，可以对建筑(构筑)物的变形、地质灾害等进行实时动态监测。

(4)在控制测量中，导线测量、前方交会、后方交会等程序操作简单、速度快、精度高，其他程序测量功能方便、实用且应用广泛。

(5)在同一个测站点，可以完成全部测量的基本内容，包括角度测量、距离测量、高差测量，实现数据的存储和传输。

(6)通过传输设备，可以将全站仪与计算机、绘图机相连，形成内外一体的测绘系统，从而大大提高地形图测绘的质量和效率。

(二)GPS测量系统

GPS是随着现代科学技术的迅速发展而建立起来的精密卫星导航定位系统，是美国国防部批准美国海、陆、空三军联合研制的新一代卫星导航系统。GPS共发射24颗卫星(其中21颗为工作卫星，3颗为备用卫星，目前的卫星数已超过32颗)，均匀分布在6个相对于赤道倾角为55°的近似圆形轨道上，卫星距离地球表面的平均高度为20 200 km，运行速度为3 800 m/s，运行周期为11 h 58 min。每颗卫星可覆盖全球约38%的面积。卫星的分布可保证在地球上任何地点、任何时刻同时能观测到4颗以上卫星。GPS系统主要由空间卫星部分、地面监控部分和用户设备三大部分组成。利用GPS进行定位的方法有很多种。若按照参考点的位置不同，则定位方法可分为绝对定位和相对定位；按用户接收机在作业中的运动状态不同，则定位方法可分为静态定位和动态定位。实时动态定位技术(Real Time Kinematic，RTK)是一种将全球卫星导航定位技术与数据通信技术相结合的载波相位实时动态差分定位技术，它能够实时地提供测站点在指定坐标系中的三维定位结果，并达到厘米级精度。

（三）数字化仪

数字化仪是将图像（胶片或像片）和图形（包括各种地图）的连续模拟量转换为离散的数字量的装置，是专业应用领域中一种用途非常广泛的图形输入设备，由电磁感应板、游标和相应的电子电路组成。当使用者在电磁感应板上移动游标到指定位置，并将十字叉的交点对准数字化的点位时，按动按钮，数字化仪则将此时对应的命令符号和该点的位置坐标值排列成有序的一组信息，然后通过接口（多用串行接口）传送到主计算机。再说得简单通俗一些，数字化仪就是一块超大面积的手写板，用户可以通过用专门的电磁感应压感笔或光笔在上面写或者画图形，并传输给计算机系统。不过在软件的支持上它和手写板有很大的不同，在硬件的设计上也是各有偏重。

在许多专业应用领域中，用户需要绘制大面积的图纸，仅靠 CAD 系统是无法完全完成图纸绘制的，CAD 系统在精度上也会有较大的偏差，因此必须通过数字化仪来满足用户的需求。高精度的数字化仪适用于地质、测绘、国土等行业。普通的数字化仪适用于工程、机械、服装设计等行业。

数字化仪分跟踪数字化仪和扫描数字化仪。前者种类很多，早期机电结构式数字化仪现已被全电子式（电子感应式数字化仪）所替代。20 世纪 70 年代曾研制出半自动和全自动跟踪数字化仪，目前生产中仍以手扶跟踪数字化仪为主要设备。电磁感应式数字化仪的工作原理和同步感应器相似，利用游标线圈和栅格阵列的电磁耦合，通过鉴相方式，实现模（位移量）—数（坐标值）转换。手扶跟踪数字化仪一般有点记录、增量、时间和栅格 4 种方式。后者是逐行扫描将图像或图形数字化的机电装置，有滚筒式扫描仪和平台式扫描仪两种。扫描数字化仪比跟踪数字化仪速度快，适用于图像的全要素数字化，但它不能自动识别和人工参与图中复合要素的处理，故对图件预处理要求高，实用性差。

（四）绘图仪

绘图仪指能按照人们要求自动绘制图形的设备。它可将计算机的输出信息以图形的形式输出，主要可绘制各种管理图表和统计图、大地测量图、建筑设计图、电路布线图、各种机械图与计算机辅助设计图等。最常用的是 X－Y 绘图仪。

绘图仪是一种输出图形的硬拷贝设备。绘图仪在绘图软件的支持下可绘制出复杂、精确的图形，是各种计算机辅助设计不可缺少的工具。绘图仪的性能指标主要有绘图笔数、图纸尺寸、分辨率、接口形式及绘图语言等。

绘图仪一般由驱动电机、插补器、控制电路、绘图台、笔架、机械传动等部分组成。绘图仪除必要的硬件设备外，还必须配备丰富的绘图软件。只有软件与硬件结合起来，才能实现自动绘图。软件包括基本软件和应用软件两种。绘图仪的种类很多，按结构和工作原理可以分为两大类：①滚筒式绘图仪。当 X 向步进电机通过传动机构驱动滚筒转动时，链轮就带动图纸移动，从而实现 X 方向运动。Y 方向的运动是由 Y 向步进电机驱动笔架来实现的。这种绘图仪结构紧凑，绘图幅面大。但它需要使用两侧有链孔的专用绘图纸。②平台式绘图仪。绘图平台上装有横梁，笔架装在横梁上，绘图纸固定在平台上。X 向步进电机驱动横梁连同笔架作 X 方向运动；Y 向步进电机驱动笔架沿着横梁导轨作 Y 方向运动。图纸在平台上的固定方法有 3 种，即真空吸附、静电吸附和磁条压紧。平台式绘图仪绘图精度高，对绘图纸无特殊要求，应用比较广泛。

二、软件系统

（一）通信软件

目前，电子经纬仪、全站仪、GPS在数字测量领域得到了广泛的应用。数据传输软件在数字测量系统中是不可缺少的。一般品牌仪器均配有专用的数据通信软件，另外就是一些开发爱好者自己开发的通信软件，种类繁多。随着电子设备技术的发展，各类仪器的传输更加实用化、方便化。COM通信的传输逐渐转为USB协议传输。下面以南方全站仪的数据传输为例介绍其功能，传输软件界面如图1-1所示。

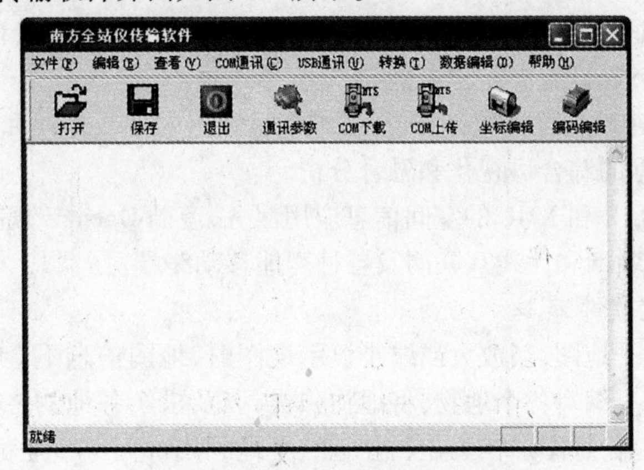

图1-1　南方全站仪传输软件界面

软件的主要功能如下：

（1）将仪器内的数据文件下载到计算机上。

（2）将计算机上的数据文件与编码库文件传送到仪器内。

（3）全站仪COM通信协议的传输和USB通信协议的传输。

（4）NTS坐标与CASS坐标数据格式的转换。

（二）图形处理软件

1. 南方CASS成图软件

南方CASS成图软件是基于AutoCAD平台技术的数字化测绘数据采集系统。广泛应用于地形成图、地籍成图、工程测量应用三大领域，且全面面向GIS，彻底打通数字化成图系统与GIS的接口，使用骨架线实时编辑、简码用户化、GIS无缝接口等先进技术。自CASS软件推出以来，已经成为用户量最大、升级最快、服务最好的主流成图系统。目前已经升级至CASS2008。

2. MapGIS

MapGIS是中地数码集团的产品名称，是中国具有完全自主知识版权的地理信息系统，是全球唯一的搭建式GIS数据中心集成开发平台，实现遥感处理与GIS完全融合，支持空中、地上、地表、地下全空间真三维一体化的GIS开发平台。

系统具有以下特点：

（1）采用分布式跨平台的多层多级体系结构和面向“服务”的设计思想。

(2)具有面向地理实体的空间数据模型,可描述任意复杂度的空间特征和非空间特征,完全表达空间、非空间、实体的空间共生性、多重性等关系。

(3)具备海量空间数据存储与管理能力,可进行矢量、栅格、影像、三维四位一体的海量数据存储,高效的空间索引。

(4)采用版本与增量相结合的时空数据处理模型,“元组级基态 + 增量修正法”的实施方案,可实现单个实体的时态演变。

(5)具有版本管理和冲突检测机制与长事务处理机制。

(6)具有基于网络拓扑数据模型的工作流管理与控制引擎,实现业务的灵活调整和定制,解决 GIS 和 OA 的无缝集成。

(7)具有标准自适应的空间元数据管理系统,实现元数据的采集、存储、建库、查询和共享发布,支持 SRW 协议,具有分布检索能力。

(8)支持真三维建模与可视化,能进行三维海量数据的有效存储和管理,三维专业模型的快速建立,三维数据的综合可视化和融合分析。

(9)提供基于 SOAP 和 XML 的空间信息应用服务,遵循 Opengis 规范,支持 WMS、WFS、WCS、GLM3。支持互联网和无线互联网及各种智能移动终端。

(三)扫描矢量化软件

基于矢量化的电子地图,当放大或缩小显示地图时,地图信息不会发生失真,并且用户可以很方便地在地图上编辑各个地物,将地物归类,以及求解各地物之间的空间关系,有利于地图的浏览、输出。矢量图形在工业、制图业、土地利用部门等行业都有广泛的应用。这些领域的许多成功软件都基于矢量图形,或离不开矢量图形的参与,例如 R/V、TITAN GIS、AutoCAD、ArcInfo、CorelDraw、GeoStar 等。

目前,市场上可以用来进行矢量化处理的软件也很多,比如 AutoCAD、Corel TRACE、CoreDRAW、FREEHAND、VPHYBRID MAP、WISEIMAGE、MapInfo、SUPERMA PGIS 等,都可以用来进行地图的矢量化处理。

(四)掌上电子平板

掌上电子平板是基于 Windows CE 操作系统和 MapGIS 平台,根据界面图形化、格式标准化、图形可视化等原则,设计的一个完整的集计算、采集、管理于一体的野外现场成图系统。具有方便、灵活、图形可视性好、功能强大等优点,可以取代传统的电子手簿。

三、数字测量发展与展望

目前,数字化仪数字化已发展成极为普通的数字化和自动成图的方法。

在 20 世纪 80 年代,摄影测量经历了模拟法、解析法发展为数字摄影测量。数字摄影测量是把摄影所获得并进行数字化的影像或直接获得的数字化影像,由计算机进行数字处理,从而提供数字地形图或专题图、数字地面模型等各种数字化产品。

大比例尺地面数字测量是 20 世纪 70 年代电子速测仪问世后发展起来的,80 年代初全站型电子速测仪的迅猛发展加速了数字测量的研究和应用。我国从 1983 年开始开展数字测量的研究工作。目前,数字测量技术在国内已趋成熟,它已作为主要的成图方法取代了传统的图解法测图。其发展过程大体上可分为两阶段。

第一阶段主要利用全站仪采集数据,电子手簿记录,同时人工绘制标注测点点号的草图，到室内将测量数据直接由记录器传输到计算机，再由人工按草图编辑图形文件，并键入计算机自动成图，经人机交互编辑修改，最终生成数字地形图，并由绘图仪绘制地形图。这虽是数字测量发展的初级阶段，但人们看到了数字测量自动成图的美好前景。

第二阶段仍采用野外测记模式，但成图软件有了实质性的进展：一是开发了智能化的外业数据采集软件，二是计算机成图软件能直接对接收的地形信息数据进行处理。目前，国内利用全站仪配合便携式计算机或掌上电脑，以及直接利用全站仪内存的大比例尺地面数字测量方法已得到了广泛应用。

20 世纪 90 年代出现的载波相位差分技术，又称为 RTK 实时动态定位技术，这种测量模式是位于基准站（已知的基准点）的 GPS 接收机通过数据链将其观测值及站坐标信息一起发给流动站的 GPS 接收机，流动站不仅接收来自参考站的数据，还直接接收 GPS 卫星发射的观测数据组成相位差分观测值，进行实时处理，能够实时提供测点在指定坐标系的三维坐标成果，在 20 km 测程内可达到厘米级的测量精度。实时差分观测时间短，并能实时给出定位坐标。可以预测，随着 RTK 技术的不断完善和更轻小型、价格更低廉的 RTK 模式 GPS 接收机的出现，GPS 数字测量系统将在开阔地区成为地面数字测量的主要方法。

第二章 数字测量的基础知识

学习目标

- ➢ 掌握地面点位确定的基础知识；
- ➢ 掌握各种坐标系的基本概念；
- ➢ 掌握地面点高程的分类知识；
- ➢ 会进行投影带号的计算；
- ➢ 会进行地面点位高程的测设与计算。

任务一 地面点位的确定

【任务描述】

设6°带内有A、B两点，如图2-1所示，A点横坐标的自然值为$y_A=18\ 537\ 680.423$ m，B点横坐标的自然值为$y_B=20\ 438\ 270.568$ m，分析A、B两点的横坐标的通用值为多少？

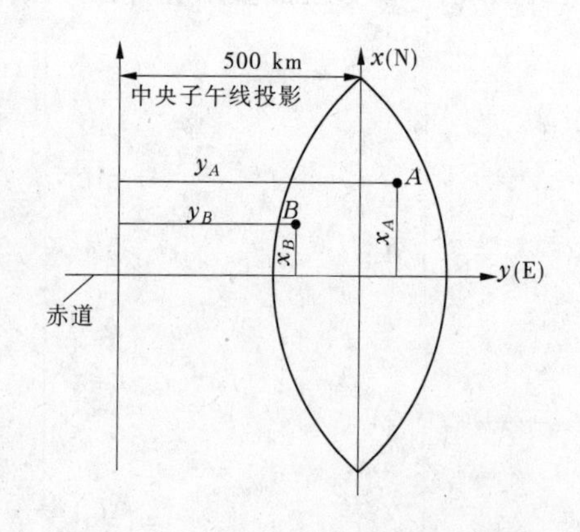

图2-1 高斯平面直角坐标系示意图

【任务解析】

无论是地物、地貌，还是设计图纸上的建筑物、构筑物，都有各种几何形状。集合形状有点、线、面之分，但都可以分解为点。因此，无论是测绘地形图还是施工放样，其实质都是测定或者测设地面上一系列点的空间位置。本任务首先应了解关于地球形状和大小的概念，然后利用测量工作中表示地面点的空间位置时所常用的坐标系统和高程系统来确定点的实际地理位置。

【相关知识】

随着电子技术和计算机技术日新月异的发展及其在测绘领域的广泛应用，20世纪80年代产生了电子速测仪、电子数据终端，并逐步构成了野外数据采集系统，将其与内业机助制图系统结合，形成了一套从野外数据采集到内业制图全过程的、实现数字化和自动化的测量制图系统，通常称做数字化测图（简称数字测量）或机助成图。

测量学是研究地球的形状、大小以及确定地面点空间位置的一门科学。测量学的主要任务是测图和测设两大内容。

（1）测图（测定）：指将地面上存在的各种地形、地物利用测量的方法确定出它们的位置并用规定的符号和一定的比例绘制成图的工作。

（2）测设（放样）：指将各种工程设计的点位用测量的方法测设到实地的工作。如各种工程建筑物和构筑物的施工放样等工作。

由于地球表面上陆地仅占29%，而海洋占71%，所以我们可以将地球总的形状看做是一个被海水包围的球体。如图2-2所示，设想由静止的海水面延伸进大陆和岛屿后包围整个地球的连续表面，称为水准面。由于海水时高时低，故水准面有无数个，其中与静止的平均海水面重合的闭合曲面叫大地水准面。大地水准面是测量工作的基准面。大地水准面所包围的地球形体称为大地体。

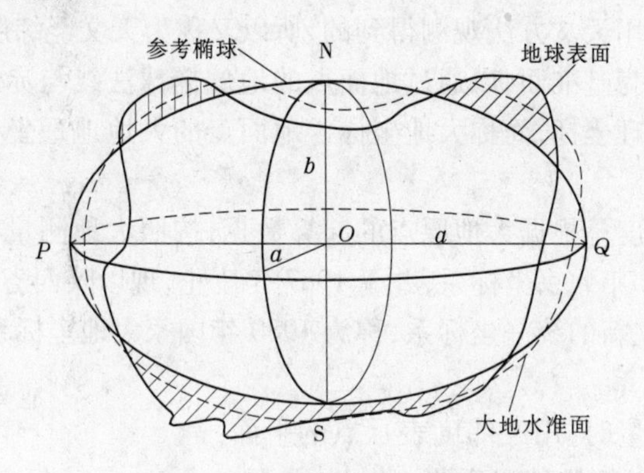

图2-2　大地水准面和参考椭球面

测量工作的基本任务是确定地面点的位置，地面上任意一点的位置分为平面位置和空间位置，地面点的坐标，根据实际情况，可选用地理坐标系、平面直角坐标系以及高斯－克吕格平面直角坐标系中的一种来确定。空间位置是在平面位置上再加上高程。

一、平面位置

（一）地理坐标系

当我们研究大区域或者整个地球时，地面点在地球椭球体面上的投影位置通常是用地理坐标系中的经度和纬度来表示的。某点的经度和纬度称为该点的地理坐标（见图2-3）。PP_1 为地球的自转轴，称为地轴，地轴与地球表面的交点 P、P_1 分别称为北极与南极；地球的中心 O 称为球心；垂直于地轴的平面与地球表面的交线称为赤道；通过地轴与地面上任意一点 A 的平面 $PAKP_1$，称为 A 点的子午面，该面与地球表面的交线称为子午线，又称经线；国际上规定通过英国格林尼治天文台的子午面为首子午面，以首子午面作为计算经度的起

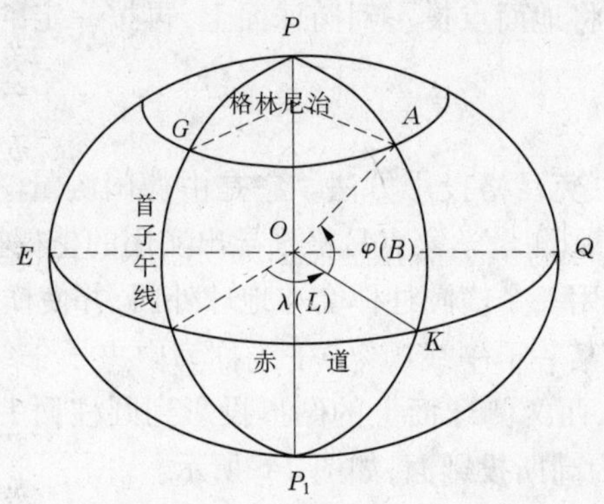

图2-3　地理坐标

始面。

A 点的经度是该点的子午面与首子午面所构成的二面角，以 λ 表示；经度由首子午面起向东、向西度量，各由 0°至 180°，在首子午面以东称为东经，以西称为西经。A 点的纬度是通过该点的铅垂线与赤道面之间的夹角，以 φ 表示；纬度以赤道平面为基准向北、向南度量，各由 0°至 90°，在赤道平面以北称为北纬，以南称为南纬。例如：北京某点的地理坐标为东经 116°23′，北纬 39°54′。

以上说的经纬度是用天文方法观测得到的，所以又称为天文经纬度或者天文地理坐标。还有一种以地球椭球面为基准面，以通过地面点的地球椭球法线与赤道面的交角确定纬度的球面坐标称为大地地理坐标，简称大地坐标。地面点的大地地理坐标用大地经度 L 和大地纬度 B 来表示。

大地经度和大地纬度是根据大地原点的起算数据，按照大地测量得到的数据推算而得到的。我国曾采用 1954 年北京坐标系，并于 1987 年废止，现以陕西省泾阳县永乐镇某点为国家大地原点，由此建立新的统一坐标系，称为 1980 年国家大地坐标系。

（二）平面直角坐标系

在小区域内进行测量时，用经纬度表示点的平面位置不方便，但如果把局部椭球面看做一个水平面，在这样的水平面上建立起平面直角坐标系，则点的平面位置就可用该点在平面直角坐标系中的直角坐标 (x,y) 来表示。

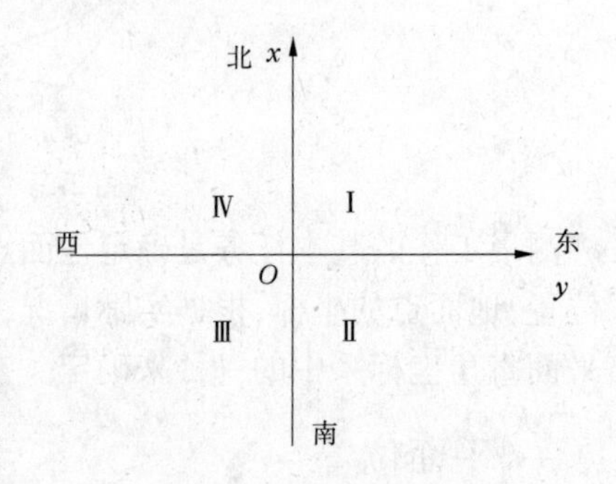

图 2-4　平面直角坐标系

在测量学中，平面直角坐标系的安排与数学中常用的笛卡儿坐标系不同，它以南北方向为 x 轴，向北为正；以东西方向为 y 轴，向东为正。象限顺序按顺时针方向计，如图 2-4 所示。这种安排与笛卡儿坐标系的坐标轴和象限顺序正好相反。这是因为在测量中南北方向是最重要的基本方向，直线的方向也都是从正北方向开始按顺时针方向计量的，但这种改变并不影响三角函数的应用。

（三）高斯－克吕格平面直角坐标系

当测区的范围较大时，由于存在较大的差异，就不能把水准面直接当做水平面了。此时需要把地球椭球面上的图形绘到平面上来，这样必然会产生变形，而工程设计与计算一般也是在平面上进行的，因此应将地面点投影到椭球面上，再按一定的条件投影到平面上，形成统一的平面直角坐标系。

1. 高斯投影的概念

我国现采用的是高斯－克吕格投影方法。它是由德国测量学家高斯于 1825～1830 年首先提出来的，1912 年由德国测量学家克吕格推导出实用的坐标投影公式。如图 2-5 所示，将地球视为一个圆球，设想用一个横圆柱体套在地球外面，并使横圆柱的轴心通过地球的中心，让圆柱面与圆球面上的某一子午线（该子午线称为中央子午线）相切，然后按照一定的数学法则，将中央子午线东西两侧球面上的图形投影到圆柱面上，再将圆柱面沿其母线剪开，展成平面，这个平面称为高斯投影面，如图 2-6 所示。

高斯投影法具有以下 4 个特点：

（1）中央子午线的投影为一条直线，且投影之后的长度无变形；其余子午线的投影均为凹向中央子午线的曲线，且以中央子午线为对称轴，离对称轴越远，其长度变形也就越大。

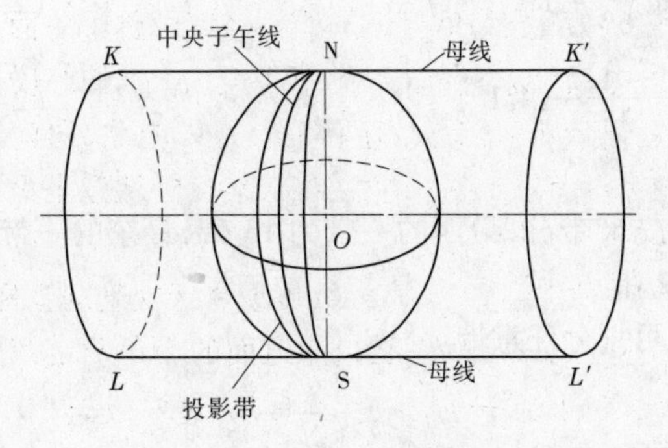

图 2-5　高斯投影原理

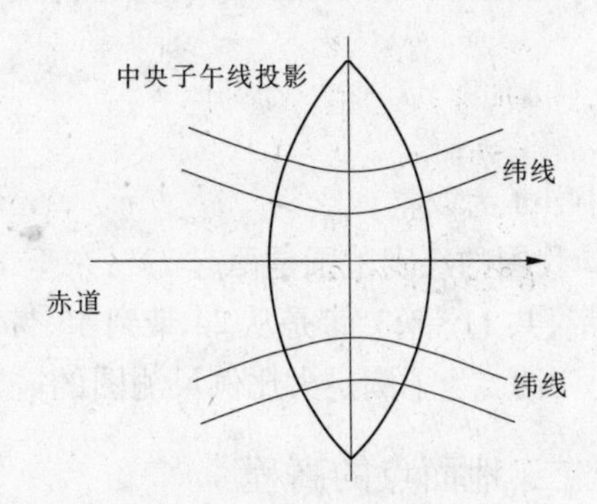

图 2-6　高斯投影面

(2)赤道的投影为直线，其余纬线的投影为凸向赤道的曲线，并以赤道为对称轴。

(3)经纬线投影后仍保持相互正交的关系，即投影后无角度变形。

(4)中央子午线和赤道的投影互相垂直。

2. 投影带的划分

高斯投影中，除中央子午线外，其他各点都发生了长度变形，离开中央子午线越远，其长度投影变形就越大。为了控制长度变形，将地球椭球面按一定的经度差分成若干个范围不大的瓜瓣形地带，称为投影带。如图 2-7 所示，投影带从首子午线起，每 6°经差划为一带，称为 6°带，自西向东将整个地球划分为经差相等的 60 个带，带号依次为 1，2，3，4，…，60，位于各带中央的子午线称为各带的中央子午线（或称轴子午线），第一个 6°带的中央子午线是东经 3°。

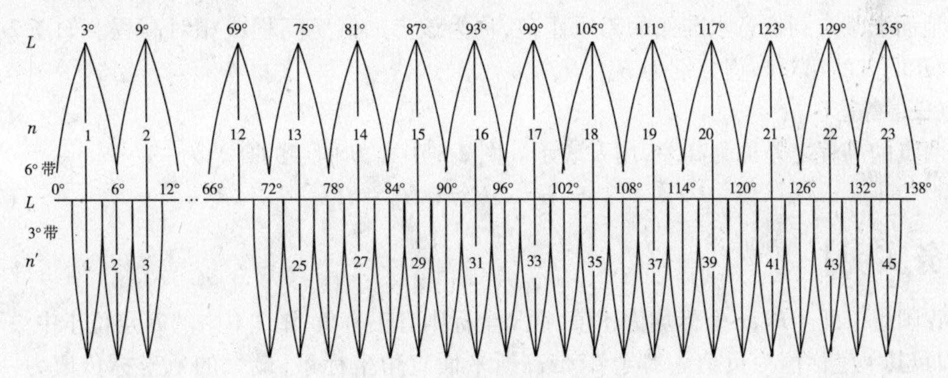

图 2-7　高斯投影分带

6°带中任意带的中央子午线经度 L 为

$$L = 6N - 3 \tag{2-1}$$

式中　N——6°带的带号。

3°带是在 6°带的基础上分成的，它是从东经 1.5°子午线起，每隔经差 3°自西向东将整个地球分成 120 个投影带，以 1 ~ 120 依次编号。

3°带中任意带的中央子午线经度 L' 为

$$L' = 3n \tag{2-2}$$

式中　n——3°带的带号。

如已知某点的经度，则该点所在 6°带的带号以及 3°带的带号分别为

$$n = \text{int}\frac{L}{6°} + 1 \tag{2-3}$$

$$n = \text{int}\frac{L' - 1.5°}{3°} + 1 \tag{2-4}$$

式中,int 为取整。

我国的经度范围是西起 73°,东至 135°,按 6°带分,最西的一带为 13 带,最东的一带为 23 带,共 11 带;3°带是从 24 带到 45 带,共 22 带。

当然,为了满足大比例尺测图的需要,也可划分任意带。

二、地面点的高程

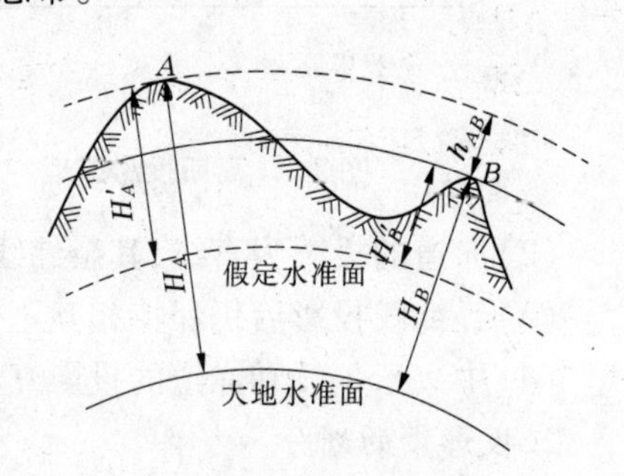

图 2-8　高程和高差

(一)绝对高程

地面上某点到大地水准面的铅垂距离,称为该点的绝对高程,又称海拔,用 H 表示,如图 2-8 所示。

A、B 两点的绝对高程为 H_A、H_B。由于受海潮、风浪等影响,海水面的高低时刻在变化,我国的高程是以青岛验潮站历年记录的黄海平均海水面为基准,并在青岛建立了国家水准原点。我国最初使用 1957 年黄海高程系,其青岛国家水准原点高程为 72. 289 m,而 1985 年重新测得该点高程为 72. 260 m。在使用测量资料时,一定要注意新旧高程系以及系统间的正确换算。

(二)相对高程

地面上某点到任意水准面的铅垂距离,称为该点的假定高程或相对高程。如图 2-8 所示,A、B 两点的相对高程分别为 H_A'、H_B'。

(三)高差

两点的高程之差称为高差,用 h 表示。图 2-8 中 A、B 两点的高差为

$$h_{AB} = H_B - H_A = H'_B - H'_A \tag{2-5}$$

【任务实现】

我国位于北半球,x 坐标均为正值,而 y 坐标则有正有负,图 2-1 中的 B 点位于中央子午线以西,其 y 坐标值为负值。对于 6°带高斯平面直角坐标系,最大的 y 坐标负值为 −365 km。为避免 y 坐标出现负值,规定把 x 轴向西平移 500 km。因此,为表明某点位于哪一个 6°带的高斯平面直角坐标系,又规定 y 坐标值前加上带号。

6°带内有 A、B 两点如图 2-1 所示,A 点横坐标的自然值为 y_A = 18 537 680. 423 m,B 点横坐标的自然值为 y_B = 20 438 270. 568 m,即表示 A 点位于 6°带第 18 带中央子午线以东 537 680. 423 − 500 000 = 37 680. 423(m),B 点位于 6°带第 20 带中央子午线以西 500 000 − 438 270. 568 = 61 729. 432(m)。

【拓展提高】

当测区范围较小时,可以把水准面看做水平面。探讨用水平面代替水准面对距离、角度的影响,以便给出限制水平面代替水准面的限度。

一、对距离的影响

如图 2-9 所示，地面上 A、B 两点在大地水准面上的投影点是 a、b，用过 a 点的水平面代替大地水准面，则 B 点在水平面上的投影为 b'。

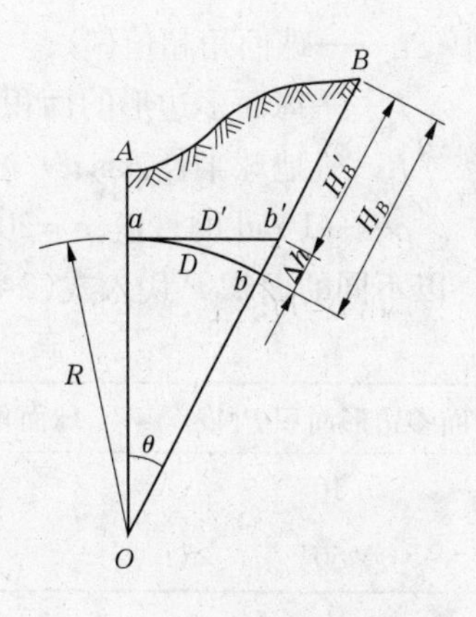

图 2-9　用水平面代替水准面对距离的影响

设 ab 的弧长为 D，ab' 的长度为 D'，球面半径为 R，D 所对圆心角为 θ，则以水平长度 D' 代替弧长 D 所产生的误差 ΔD 为

$$\Delta D = D' - D = R\tan\theta - R\theta = R(\tan\theta - \theta) \tag{2-6}$$

将 $\tan\theta$ 用泰勒级数展开为

$$\tan\theta = \theta + \frac{1}{3}\theta^3 + \frac{5}{12}\theta^5 + \cdots \tag{2-7}$$

因为 θ 很小，所以只取式(2-7)右端前两项代入式(2-6)得

$$\Delta D = R(\theta + \frac{1}{3}\theta^3 - \theta) = \frac{1}{3}R\theta^3 \tag{2-8}$$

又因 $\theta = \dfrac{D}{R}$，则

$$\Delta D = \frac{D^3}{3R^2} \tag{2-9}$$

$$\frac{\Delta D}{D} = \frac{D^2}{3R^2} \tag{2-10}$$

取地球半径 R = 6 371 km，并以不同的距离 D 值代入式(2-9)和式(2-10)，则可求出距离误差 ΔD 和相对误差 $\Delta D/D$，如表 2-1 所示。

表 2-1　水平面代替水准面的距离误差和相对误差

距离 D(km)	距离误差 ΔD(mm)	相对误差 $\Delta D/D$
10	8	1∶1 250 000
20	66	1∶303 000
50	1 026	1∶49 000
100	8 212	1∶12 000

结论：在半径为 10 km 的范围内进行距离测量时，可以用水平面代替水准面，而不必考虑地球曲率对距离的影响。

二、对水平角的影响

从球面三角学知识可知，同一空间多边形在球面上投影的各内角和，比在平面上投影的各内角和大一个球面角超值 ε

$$\varepsilon = \rho\frac{P}{R^2} \tag{2-11}$$

式中　ε——球面角超值(″)；

P——球面多边形的面积，km^2；

R——地球半径，km；

ρ——1 rad 的秒值，$\rho = 206\ 265''$。

以不同的面积 P 代入式(2-11)，可求出球面角超值，如表 2-2 所示。

表 2-2　水平面代替水准面的水平角误差

球面多边形面积 $P(km^2)$	球面角超值 ε（″）	球面多边形面积 $P(km^2)$	球面角超值 ε（″）
10	0.05	100	0.51
50	0.25	300	1.52

结论：当面积 P 为 100 km^2，进行水平角测量时，可以用水平面代替水准面，而不必考虑地球曲率对距离的影响。

【课后自测】

确定地面点位的三要素是什么？

任务二　数字测量工作流程和原则

【任务描述】

数字测量的作业过程与使用的设备和软件、数据源及图形输出的目的有关。但不论是测绘地形图，还是制作种类繁多的专题图、行业管理用图，只要是测绘数字图，都包括数据采集、数据处理和图形输出三个基本阶段。

【任务解析】

根据不同的数字测量任务，进行相应的数字测量工作流程安排。

【相关知识】

现代测绘一般工艺流程如图 2-10、图 2-11 所示。

一、数据采集概述

地形图、航空航天遥感像片、图形数据或影像数据、统计资料、野外测量数据或地理调查资料等，都可以作为数字测量的信息源。数据资料可以通过键盘或转储的方法输入电脑，图形和图像资料一定要通过图数转换装置转换成电脑能够识别和处理的数据。

二、野外数据采集

野外常规数据采集是工程测量中，尤其是工程中大比例尺测图获取数据信息的主要方法。而采集数据的方法随着野外作业的方法和使用的仪器设备不同可以分为以下形式。

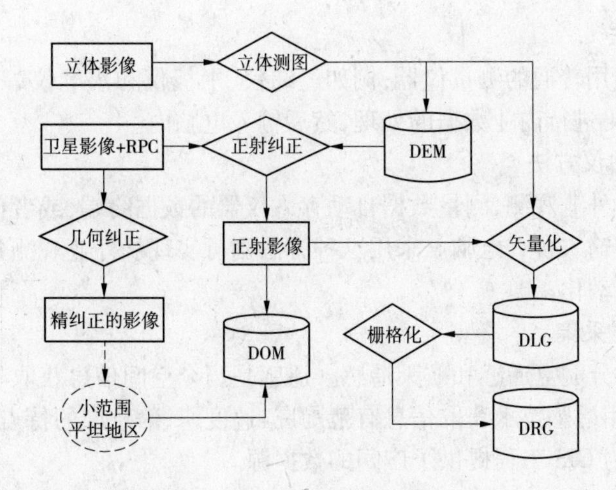

图 2-10　航(卫)测成图工艺流程

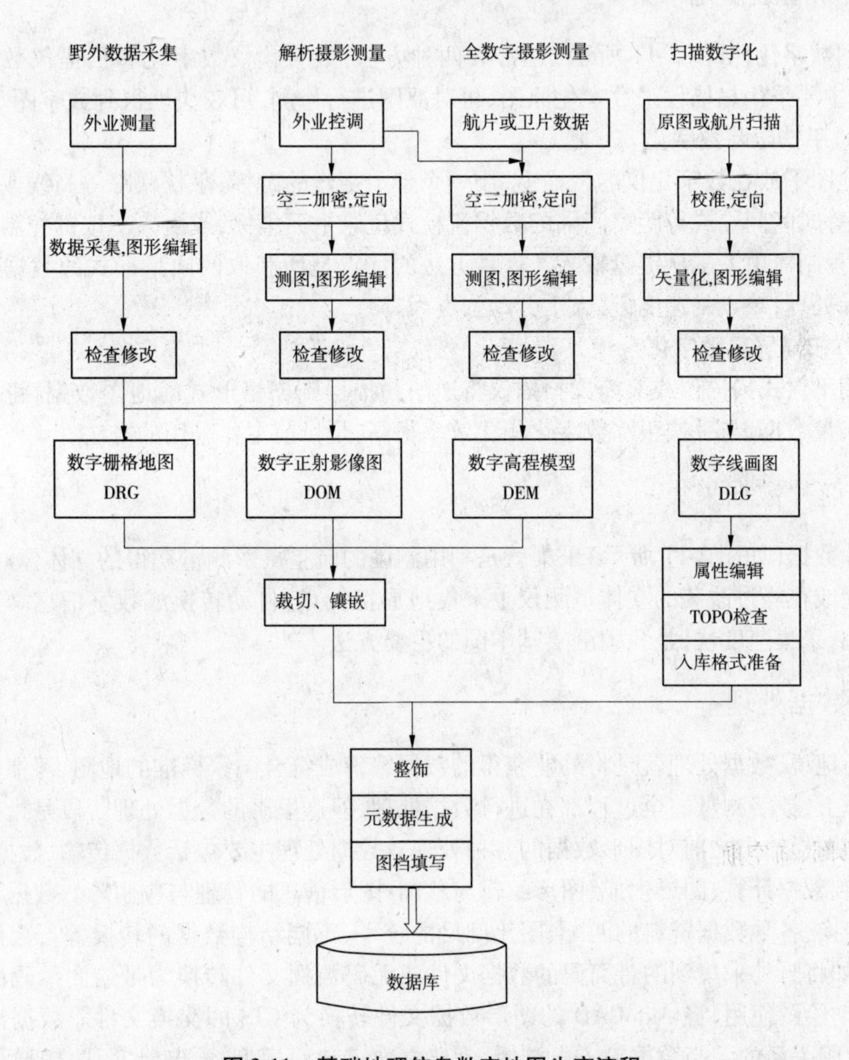

图 2-11　基础地理信息数字地图生产流程

(一)传统方法

传统方法是使用普通的测量仪器,例如经纬仪、平板仪和水准仪等,将外业观测成果人工记录于手簿中,再进行内业数据的处理,然后输入电脑内。

(二)野外全站仪方法

用全站仪进行外业观测,测量数据自动存入仪器的数据终端,或者借助掌上电脑将数据终端通过接口设备输入台式电脑。采用这种方法则可实现从外业观测到内业处理直至成果输出整个流程的自动化。

(三)遥感数据采集

遥感数据采集分航空遥感和航天遥感。遥感是当今空间信息获取与更新的一个非常重要的手段和工具,用遥感技术获取信息有范围广、速度快、信息广的特点,且遥感信息中包含一定的属性信息,为 GIS 工程提供了广阔的数据源。

三、原图数字化采集

原图数字化(如图 2-11 所示)通常有两种方法:数字化仪数字化和扫描仪数字化。目前,我国主要采用扫描仪来数字化原图,再对原图进行修测,可较快地得到数字图。

(一)手扶跟踪数字化

将地图平放在数字化仪的台面上,用一个带十字丝的游标,手扶跟踪等高线或其他地物符号,按等时间间隔或等距离间隔的数据流模式记录平面坐标,或由人工按键控制平面坐标记录,高程则需由人工从键盘输入。这种方法的优点是所获取的向量形式的数据在电脑中比较容易处理;缺点是速度慢,人工劳动强度大。

(二)扫描屏幕数字化

利用平台式扫描仪或滚筒式扫描仪将地图扫描得到栅格形式的地图数据,将栅格数据转换成矢量数据,与手扶跟踪数字化相比效率很高,是目前主要采用的方法。

四、航片数据采集

航片数据(如图 2-11 所示)采集就是利用测区的航空摄影测量获得的立体像对,在解析测图仪上或在经过改装的立体量测仪上采集地形特征点,自动转换成数字信息。这种方法工作量小,采集速度快,是我国测绘基本图的主要方法。

五、数据处理

概括地说,数据处理就是将外业获得的数据编辑成符合国家标准的地图,习惯上称为编图。实际上,数字测量的全过程都在进行数据处理,但这里讲的数据处理阶段是指在数据采集以后到图形输出之前对图形数据的各种处理。数据处理主要包括数据传输、数据预处理、数据转换、数据计算、图形生成、图形编辑与整饰、图形信息的管理与应用等。数据预处理包括坐标变换、各种数据资料的匹配、图比例尺的统一、不同结构数据的转换等。数据转换内容很多,如将野外采集到的带简码的数据文件或无码数据文件转换为带绘图编码的数据文件,供自动绘图使用;将 AutoCAD 的图形数据文件转换为 GIS 的交换文件。数据计算主要是针对地貌关系的。当数据输入电脑后,为建立数字地面模型、绘制等高线,需要进行插值模型建立、插值计算、等高线光滑处理三项工作。在计算过程中,需要给电脑输入必要的数据,如插值等高距、光滑的拟合步距等。必要时需对插值模型进行修改,其余的工作都由电脑自动完成。数据计算还包括对房屋类呈直角拐弯的地物进行误差调整,消除非直角化误差等。经过数据处理后,可产生平面图形数据文件和数字地面模型文件。要想得到一幅规范的地形图,还要对数据处理后生成的"原始"图形进行修改、编辑、整理;还需要加上汉字注记、高程注记,并填充各种面状地物符号;还要进行测区图形拼接、图形分幅和图廓整饰等。数据处理还包括对图形信息的全息保存、管理、使用等。数据处理是数字测量的关键阶段。在数据处理时,既有对图形数据进行交互处理,也有批处理。数字测量系统的优劣取决于数据处理的功能强弱。

六、成果输出

经过数据处理以后,即可得到数字地图,也就是形成一个电子的图形文件,作永久性保存。目前,最为常用的是建立地理信息数据库(GIS 数据库)。输出图形是数字测量的主要目的,通过对层的控制,可以编制和输出各种专题地图(包括平面图、地籍图、地形图、管网图、带状图、规划图等),以满足不同用户的需要。为了使用方便,往往需要用绘图仪或打印机将图形或数据资料输出,或者发排印刷成图。

第三章　高程控制测量

学习目标

➢ 掌握水准测量的基本原理；
➢ 掌握水准路线的布设形式；
➢ 掌握控制测量的概念；
➢ 掌握四等水准测量的实测与计算；
➢ 会进行高差闭合差计算；
➢ 会进行水准测量的外业施测；
➢ 会进行各种水准路线的水准测量内业计算。

任务一　水准测量

【任务描述】

根据水准测量基本原理，利用水准测量工具，布设水准点完成三种水准路线的水准测量外业工作。

【任务解析】

➢ 利用水准测量原理测算未知点高程；
➢ 水准仪的认识和使用；
➢ 进行导线的选点、布设工作；
➢ 完成闭合导线的高程测量工作，能够建立高程控制网；
➢ 能够进行导线的内业计算；
➢ 进行四等水准测量。

【相关知识】

一、水准测量基本原理

水准测量的原理是利用水准仪提供的水平视线配合水准尺测定地面点与点之间的高差，然后根据所测定的高差和已知点的高程，推算其他未知各点的高程。

如图3-1所示，地面上有两点A和B，设已知A点的高程为H_A，若能测定出A、B两点之间的高差h_{AB}，则B点的高程H_B就可由A点的高程H_A和A点与B点的高差h_{AB}推算出来。为此，在A、B两点上分别竖立一根尺子，并在其间安置一台能提供水平视线的仪器，即水准仪，各自在A、B两点的尺子上读取读数a、b，则A、B两点间的高差为

$$h_{AB} = a - b = H_B - H_A \tag{3-1}$$

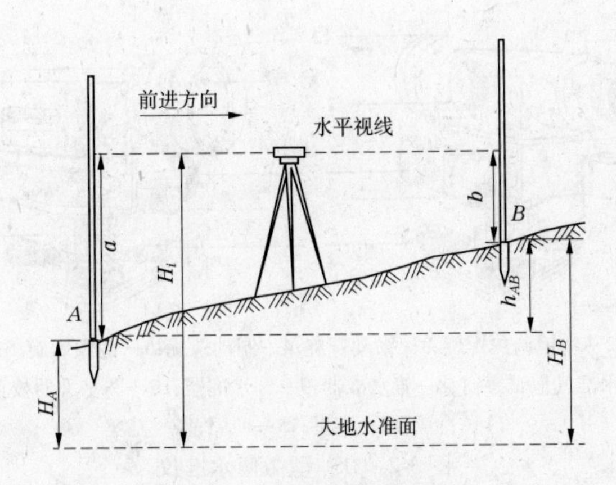

图 3-1　水准测量的原理

若测定高差的工作是从已知高程点 A 向待测点 B 方向进行的，则称 A 点为后视点，其读数 a 称为后视读数；B 点则称为前视点，读数 b 称为前视读数。当读数 $a>b$ 时，高差为正值，说明地面上 B 点高于 A 点；反之，当读数 $a<b$ 时，则高差为负值，说明 B 点低于 A 点。

为了避免在计算中发生正负符号的错误，在书写高差 h_{AB} 的符号时，必须注意 h 的下标。h_{AB} 表示由 A 到 B 的高差，h_{BA} 则是由 B 到 A 的高差。

测得高差 h_{AB} 后，由图 3-1 并结合式(3-1)可知，待测点 B 的高程为

$$H_B = H_A + h_{AB} = H_A + (a - b) \tag{3-2}$$

式(3-2)是直接利用高差推算高程的方法，称为高差法。

根据图 3-1，式(3-2)也可写成

$$H_B = H_i - b = (H_A + a) - b \tag{3-3}$$

式中　H_i——水准仪的水平视线高程。

式(3-3)是利用视线高程来计算 B 点高程的，称为视线高程法。当安置一次仪器需要测出多个前视点的高程时，应用视线高程法比较简便。

水准测量的方法分为中间水准测量、向前水准测量。

将仪器安置在两标尺之间进行水准测量，叫做中间水准测量，主要用于高程控制测量，图 3-1 就是中间水准测量。将仪器安置在 A、B 两点中的任意一点上来进行测量时，叫做向前水准测量，这一方法多用于工程测量的高程放样。

二、水准测量仪器和工具

（一）微倾式水准仪结构

如图 3-2 所示为国产 DS_3 型水准仪的外观和各部件名称，它主要由望远镜、水准器和基座三部分组成。

1. 望远镜

望远镜用于精确瞄准目标，并用来在水准尺上清晰地读取读数。

2. 水准器

水准器分为圆水准器和管水准器两种，用来整平仪器并指示视准轴是否处于水平位置，是观测者判断水准仪置平与否的重要部件。

(1)圆水准器。圆水准器顶部玻璃的内表面为一圆球面，中央刻有一个小圆圈，其圆心

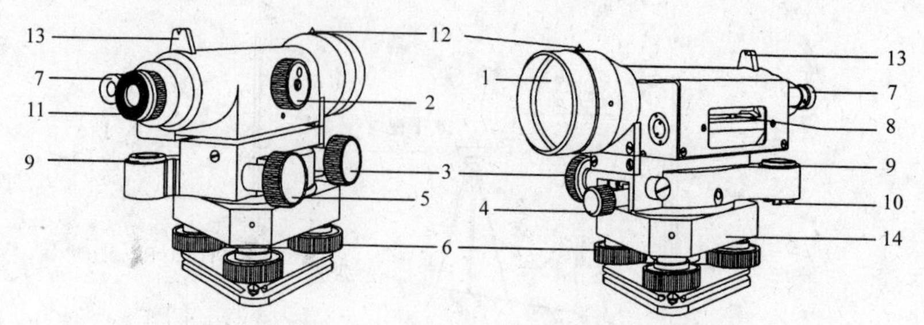

1—物镜;2—物镜调焦螺旋;3—微动螺旋;4—制动螺旋;5—微倾螺旋;6—脚螺旋;
7—管水准气泡观察窗;8—管水准器;9—圆水准器;10—圆水准器校正螺丝;
11—目镜;12—准星;13—照门;14—基座

图 3-2　DS_3 型微倾水准仪

即为圆水准器零点。DS_3 型水准仪圆水准器的分划值一般为 8′/2 mm ~ 10′/2 mm。圆水准器的分划值较大,灵敏度较低,只能用于粗略整平仪器。

(2)管水准器。管水准器又称为水准管,水准管上一般刻有间隔为 2 mm 的分划线,水准管上相邻两分划线间的圆弧所对应的圆心角值称为水准管分划值,其大小与水准管圆弧半径成反比,半径越大,分划值越小,水准管的灵敏度就越高。DS_3 型水准仪管水准器的分划值一般为 20″/2 mm。由于管水准器的精度较高,因而用于精确整平仪器。

3. 基座

基座位于仪器下部,主要由轴座、脚螺旋和连接板等组成。

(二)自动安平水准仪结构

目前,自动安平水准仪已广泛应用于测绘和工程建设中。如图 3-3 所示,自动安平水准仪最大的构造特点是没有水准管和微倾螺旋,而只有一个圆水准器进行粗略整平。当圆水准器气泡居中后,尽管仪器视线仍有微小的倾斜,但借助仪器内补偿器的作用,视准轴在数秒钟内自动呈水平状态,从而读出视线水平时的水准尺数值。不只在一个方向上,而且在任何方向上均可读出视线水平时的读数。

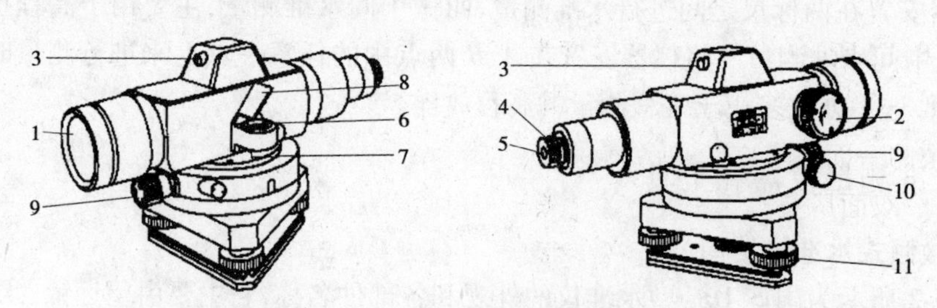

1—物镜;2—物镜调焦螺旋;3—粗瞄器;4—目镜调焦螺旋;5—目镜;6—圆水准器;
7—圆水准器校正螺丝;8—圆水准器反光镜;9—制动螺旋;10—微动螺旋;11—脚螺旋

图 3-3　自动安平水准仪

(三)电子水准仪

电子水准仪如图 3-4 所示,又称为数字水准仪,它是以传统的自动安平水准仪为基础,在望远镜光路中增加了分光镜和探测器(CCD),并采用条码标尺和数字图像处理技术进行标尺自动读数的高精度水准测量仪器。

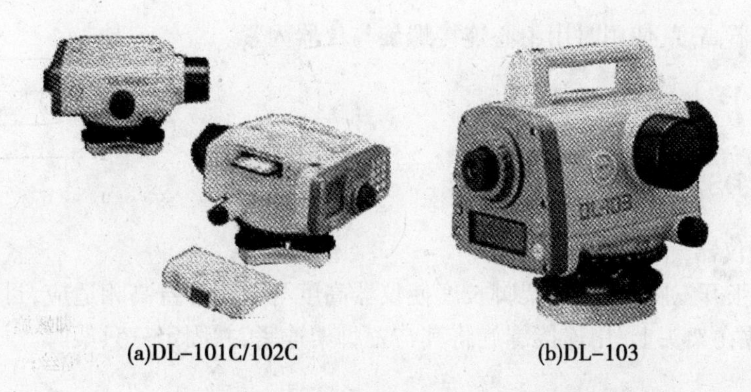

(a)DL-101C/102C　　(b)DL-103

图 3-4　拓普康 DL-101C/102C 和 DL-103 数字水准仪

电子水准仪采用了原理上相差较大的相关法、几何法和相位法三种自动电子读数方法，但无论采用哪种方法，目前照准标尺和调焦仍需目视进行。在人工瞄准之后，标尺条码一方面被成像在望远镜分化板上，供目视观测；另一方面，通过望远镜的分光镜，标尺条码又被成像在光电传感器上，即线阵 CCD 器件上，供电子读数。由于各厂家采用条码标尺编码的条码图案不相同，因此不能互换使用，目前照准标尺和调焦仍需人工目视进行。

电子水准仪由望远镜、水准器、键盘和显示窗、数据卡、水平微动螺旋等部件组成。

（四）水准尺和尺垫

水准尺是水准测量时与水准仪配套使用的标尺，一般用优质木材、铝合金或玻璃钢等伸缩性小、不易变形的材料制成，精密水准尺则用铟钢制成。常用的水准尺有塔尺和板尺两种，如图 3-5 所示。

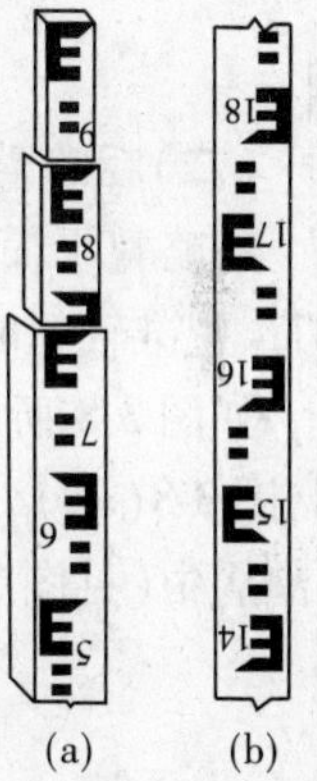

1. 塔尺

如图 3-5(a)所示，塔尺一般由二节或三节套接而成，其尺长有 3 m 和 5 m 两种。尺的底部为零点，尺上分划为黑白相间，每格高为 1 cm 或 0.5 cm，每分米处注有数字。塔尺一般用于等外水准测量。

(a)　(b)

图 3-5　水准尺

2. 板尺

如图 3-5(b)所示，板尺通常是长度为 3 m 的双面尺。尺的两面均为每隔 1 cm 刻一分划，每分米处有数字注记，形式大致与图 3-5(a)水准尺塔尺相同，尺的一面是黑白相间，称为黑面尺；另一面是红白相间，称为红面尺。双面尺应两根配对使用，黑面尺的底端起始数都为“0.000 m”；而红面尺的起始数字，一根为 4.687 m，另一根为 4.787 m，起始数相差 0.1 m，以供测量校核用。双面尺一般用于三、四等水准测量。

在水准测量过程中，为防止水准尺下沉，常常使用尺垫；尺垫一般由铸铁或铁板制成，中间有一个突起的圆顶，下部有三个尖脚，如图 3-6 所示。测量时，将尺垫的尖脚踩入地下，然后将水准尺立于突起的圆顶上即可。

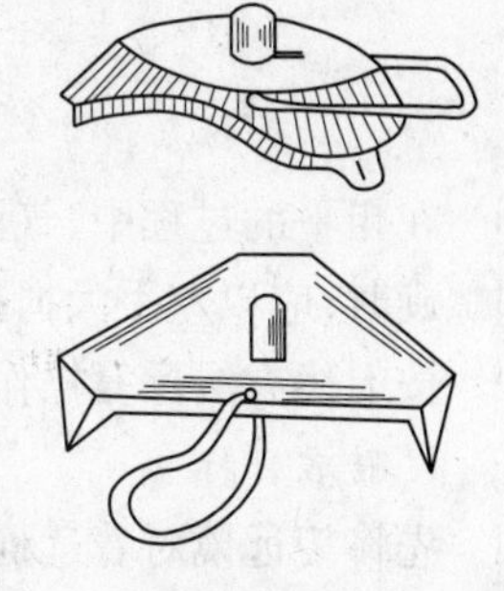

图 3-6　尺垫

另外，水准仪还配有专用三脚架，用以安置仪器，由木质或金属制成，一般可伸缩，便于携带及调整仪器高度,使用时用中心连接螺旋与仪器固紧。

【任务实现】

一、使用 DS_3 型水准仪

(一)安置仪器

在测站上张开三脚架,调节架脚长度使仪器高度与观测者身高相适应,目测架头大致水平,取出仪器放在架头上,用连接螺旋将其与三脚架连紧,并固定三只架脚。

注意:

(1)水准仪安放到三脚架上必须立即将中心连接螺旋旋紧,严防仪器从脚架上掉下摔坏。

(2)三只架脚的开合角度应适当,如图 3-7 所示。

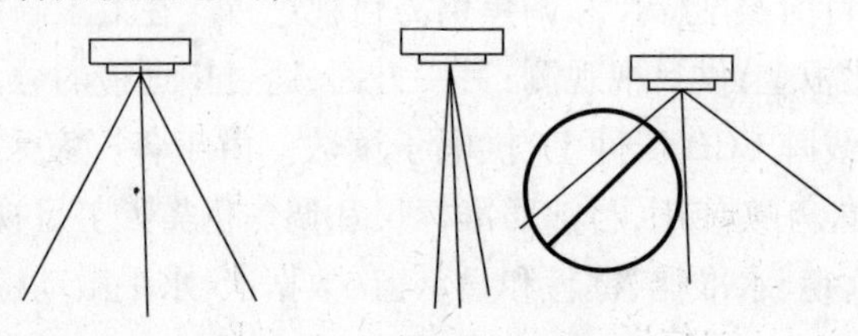

图 3-7 水准仪的安置

(二)粗略整平

粗略整平简称粗平,就是通过调节仪器的脚螺旋让圆水准器气泡居中,以达到仪器竖轴铅直、视准轴粗略水平的目的。

如图 3-8 所示,气泡偏离中心位置,先用双手按箭头所指方向相对地转动脚螺旋 1 和 2(见图 3-8(a)),使气泡移到两脚螺旋连线的中间,然后单独转动脚螺旋 3(见图 3-8(b)),使气泡居中(见图 3-8(c))。

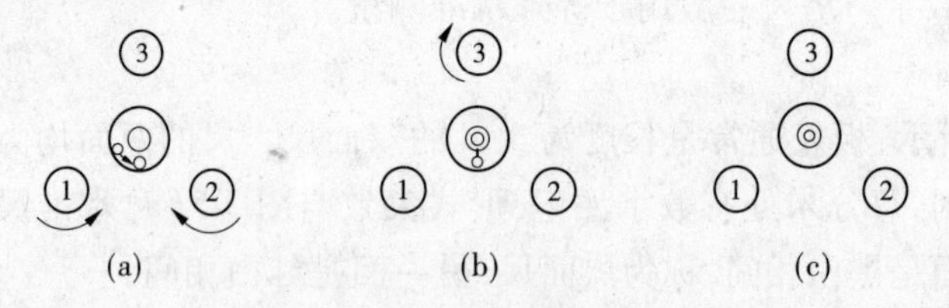

图 3-8 粗略整平

在粗平的过程中,气泡移动方向与左手大拇指运动的方向一致。用双手同时操作两个脚螺旋时,应以左手大拇指的转动方向为准,同时向内或向外旋转。

按上述方法反复操作几次,直到视准轴在任何方向时,圆水准器气泡都居中。

1. 瞄准目标

先将望远镜对着远处明亮的背景,转动目镜调焦螺旋,使望远镜内的十字丝清晰;然后松开制动螺旋,转动望远镜,用望远镜筒上方的缺口和准星瞄准水准尺,粗略进行物镜调焦,使得能够在望远镜内看到水准尺的影像,此时立即拧紧制动螺旋,转动水平微动螺旋,使十字丝的竖丝对准水准尺或靠近水准尺的一侧。再转动对光螺旋进行仔细对光,在对光时观

测者眼睛靠近目镜微微上下移动，看十字丝交点是否在目标影像上相对移动，如有移动，说明有视差出现，继续调节对光螺旋，直至消除视差，如图 3-9 所示。

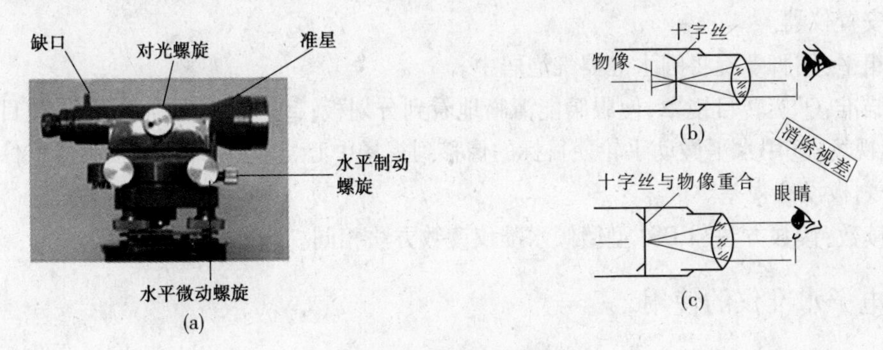

图 3-9　水准仪的瞄准

2. 精平

转动位于目镜右下方的微倾螺旋，从气泡观察窗（目镜左下方）内看符合水准器的两端气泡半影像（即管水准气泡居中）是否对齐，若对齐，则说明管水准器气泡居中。由于气泡移动有惯性，因此在转动微倾螺旋时要缓慢而均匀。调节微倾螺旋的规律是向前旋为抬高目镜端，向后旋是降低目镜端。调节时，微动螺旋转动的方向与左半气泡影像移动方向一致，或可由外部观测气泡偏离的位置来决定旋转方向，如图 3-10 所示。

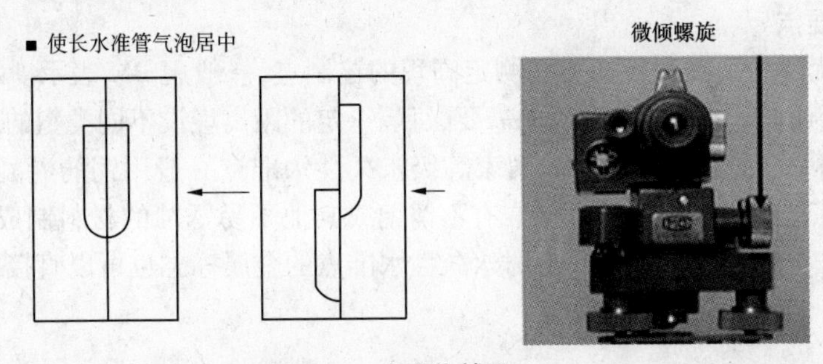

图 3-10　水准仪精平

3. 读数

如图 3-11 所示，读数时应从小到大、由上而下进行读数，直接读米（m）、分米（dm）、厘米（cm），估读到毫米（mm）。读数完毕后立即重新检查符合水准器气泡是否仍旧居中，如仍居中，则读数有效，否则应重新使符合气泡居中再读数。

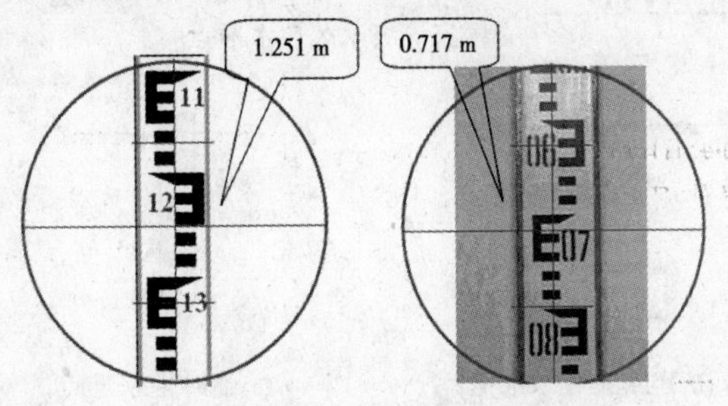

图 3-11　水准尺的读数

二、自动安平水准仪的使用

(1)安置仪器。

(2)粗平:用脚螺旋将圆水准器气泡居中。

(3)瞄准:①旋转目镜罩,使眼睛能清晰地看到分划板;②用粗瞄器瞄准目标,使目标进入望远镜视场;③用水平微动手轮使目标的像移到视场中心,转动调焦手轮使目标成像清晰而且与分划板没有视差。

(4)读数:读数方法与 DS_3 型微倾水准仪读数方法相同。

三、电子水准仪的使用

电子水准仪的操作简单,先调脚螺旋使圆水准器气泡居中,再用望远镜照准条码尺,调焦后按测量键,仪器便可自动读取、记录、计算和校核观测数据,还可通过专用传输电缆将观测数据下载到计算机进行数据处理。

【拓展提高】

一、水准路线的拟定

(一)水准点

水准点就是用水准测量的方法测定高程的控制点,一般用 BM 表示。水准点按水准仪测量的等级、测区气候条件与工程的需要,每隔一定的距离埋设不同类型的永久性或临时性水准标志或标石,如图 3-12 所示。国家等级永久性水准点一般用钢筋混凝土或石料制成,深埋到地面冻结线以下。标石顶部嵌有不锈钢或其他不易锈蚀的材料制成的半圆形标志,标志最高处作为高程起点基准。有时永久性水准点的金属标志也可以直接镶嵌在坚固稳定

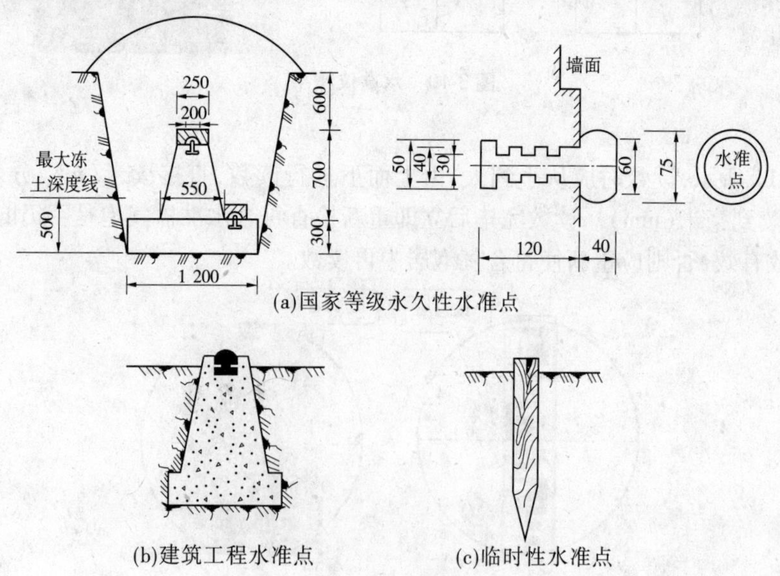

图 3-12 水准点

的永久性建筑物的墙脚上,称为墙上水准点。

各类建筑工程中常用的永久性水准点一般用混凝土或钢筋混凝土制成。临时性水准点可用木桩打入地下,桩顶面钉入一个半圆球形铁钉,也可直接把大铁钉打入沥青路面或在桥台、房基石、坚硬岩石上刻上记号(用红油漆示明)。

(二)水准路线的形式

水准路线是指水准测量施测时所经过的路线。

1. 闭合水准路线

从一个已知高程的水准点开始,沿环形路线测定 1、2、3 等点高程进行水准测量,最后仍回到起始水准点 BM,这种路线叫闭合水准路线(见图 3-13(a))。

闭合水准路线高差闭合差的限差同附合水准路线。

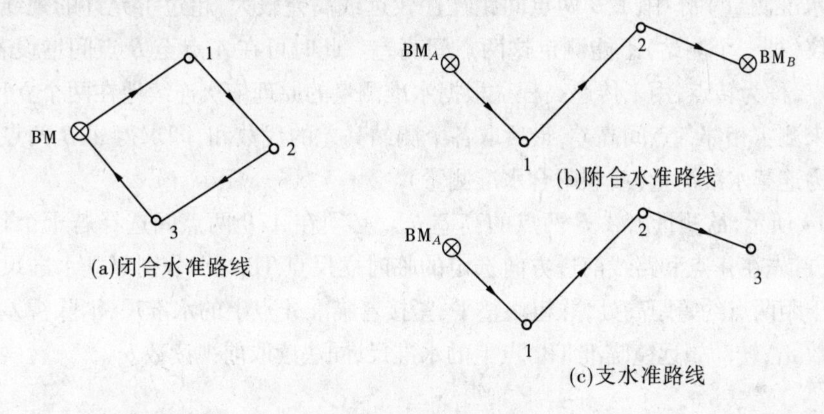

图 3-13　水准路线的形式

2. 附合水准路线

从一个已知高程的水准点 BM_A 开始,沿待定高程的 1、2 等点进行水准测量,最后联测到另一个已知高程的水准点 BM_B,这种路线叫附合水准路线(见图 3-3(b))。

3. 支水准路线

从已知高程的水准点 BM_A 开始,沿待测的高程点 1、2、3 等点进行水准测量,最后既没有闭合到原水准点,也没有附合到另一个已知水准点,这种路线叫支水准路线(见图 3-13(c))。

二、水准路线的实测

(一)一个测站的水准测量与校核

对于一个测站水准测量观测结果的检验校核,可采用改变仪器高法或双面尺法进行。

1. 改变仪器高法

在同一个测站上,用不同的仪器高度两次测定 A、B 的高差,即第一次测量后,改变仪器高度 10 cm 以上,再进行第二次测量。两次所测得的高差应相等,等外水准测量的不符值应不超过 ±6 mm,然后取两次高差的平均值作为该测站高差的结果。

2. 双面尺法

在同一个测站上仪器高度不变,即视线高度不变,用双面水准尺按“后黑→前黑→前红→后红”的观测顺序分别测出 A、B 两点之间的黑、红面高差。

按黑面读数,得高差为

$$h_{黑} = a_{黑} - b_{黑} \tag{3-4}$$

按红面读数，得高差为

$$h_{红} = a_{红} - b_{红} \tag{3-5}$$

因一对水准尺红面底部的刻划分别为4.687 m和4.787 m，按红面算得的高差应±0.1 m后再与黑面高差比较。高差之差为

$$\Delta h = h_{黑} - (h_{红} \pm 0.1\ \text{m}) \tag{3-6}$$

在等外水准测量中，若黑、红面算得的高差之差$\Delta h \leqslant 6$ mm，则

$$\Delta h = \frac{h_{黑} + (h_{红} \pm 0.1\ \text{m})}{2} \tag{3-7}$$

（二）连续水准测量

在实际水准测量工作中，A、B两点间距往往较远或高差较大，超过了允许的视线长度，安置一次水准仪（即一个测站）不能测定这两点间高差。此时可在A点至B点间增设若干必要的临时立尺点，称为转点，用来传递高程。根据水准测量的原理依次连续地在两个立尺点中间安置水准仪来测定相邻各点间高差，最后取各个测站高差的代数和，即求得A、B两点间高差，这种方法称为连续水准测量（或叫附合水准测量）。

如图3-14所示，欲测量出A、B两点的高差h_{AB}，必须在A、B两点间选择若干个临时立尺点。施测时，首先在A点和路线前进方向选定的临时立尺点TP_1上，分别竖立水准尺，然后将水准仪安置于距两点约等距离处，并粗略整平；紧接着瞄准A点上的水准尺，消除视差，精平后读取后视读数a_1；转动望远镜瞄准TP_1点上的水准尺，同法读取前视读数b_1。

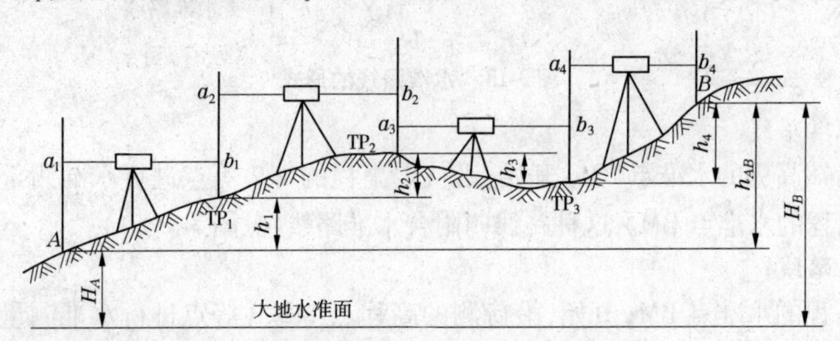

图3-14　连续水准测量

同理，如图3-14所示，按$A \rightarrow B$的方向，将A点的水准尺转移并竖立于TP_2点，同时把TP_1点上水准尺的尺面翻转过来面对仪器，由第一测站中的前视点变成第二测站的后视点。水准仪搬站到TP_1、TP_2两点之间，依上述方法观测第二测站，如此继续施测，直到终点B。由此可知，整个连续水准测量的观测程序，实际上是"一个测站的水准测量"工作的重复、连续作业。

$$h_n = a_n - b_n \tag{3-8}$$

$$h_{AB} = h_1 + h_2 + \cdots + h_n = \sum h = \sum a - \sum b \tag{3-9}$$

$$H_B = H_A + h_{AB} = H_A + (\sum a - \sum b) \tag{3-10}$$

三、选点、做标记

选择水准点时应注意使水准路线避开土质松软地段，确定水准点位置时，应考虑到水准标石埋设后点位的稳固安全，并能长期保存，便于施测。为此，水准点应设置在地质上最为可靠

的地点，避免设置在水滩、沼泽、沙土、滑坡和地下水位高的地区；埋设在铁路、公路近旁时，一般要求离铁路的距离应大于 50 m，离公路的距离应大于 20 m，应尽量避免埋设在交通繁忙的岔道口；墙上水准点应选在永久性的大型建筑物上。

水准点选定后，就可以进行水准标石的埋设工作。我们知道，水准点的高程是指嵌设在水准标石上面的水准标志顶面相对于高程基准面的高度，如果水准标石埋设质量不好，容易产生垂直位移或倾斜，那么即使水准测量观测质量再好，其最后成果也是不可靠的，因此务必十分重视水准标石的埋设质量。

【课后自测】

表 3-1 为某一测段连续水准测量的观测记录，已知 A 点高程 $H_A = 50.258$ m，求 B 点高程 H_B 为多少？

关键步骤提示：将 A 点高程填入表 3-1，然后进行计算与校核。

表 3-1　普通水准测量手簿

路线名称__________　仪器型号__________　日期__________　天气__________

测站	点号	水准尺读数(m)		高差(m)		高程(m)	说明
		后视	前视	+	−		
Ⅰ	A	1.864		0.628		50.258	高程已知
	1		1.236			50.886	
Ⅱ	1	1.785		0.373			
	2		1.412			51.259	
Ⅲ	2	1.694		0.330			
	3		1.364			51.589	
Ⅳ	3	1.679		0.132			
	4		1.547			51.721	
Ⅴ	4	0.869			0.563		
	B		1.432			51.158	
校核计算		$\sum a = 7.891$	$\sum b = 6.991$	1.463	0.563	$H_{终} - H_{始} =$	
		$\sum a - \sum b = +0.900$		$\sum h = +0.900$		+0.900	

任务二　水准测量的内业计算

【任务描述】

通过几种水准路线的高差闭合差的计算和调整，计算各水准点高程。

【任务解析】

一条水准路线不足以说明所求未知点的高程是否符合要求。有一些误差在一个测站上反映不出来，但随着测站数的增加，使误差积累，最后致使成果达不到精度要求。因此，还必须进行整条路线成果的检核。

【相关知识】

一、附合水准路线

由于附合水准路线两端水准点高程 $H_{始}$、$H_{终}$ 已知,所以其高差为固定值,即

$$\sum h_{理} = H_{终} - H_{始} \tag{3-11}$$

(一)高差闭合差的计算

因测量误差的存在,实测的高差之和 $\sum h_{测}$ 不等于理论值 $\sum h_{理}$,其差值称为高差闭合差,以 f_h 表示,则 $f_h = \sum h_{测} - \sum h_{理}$,而对于附合水准路线来说,$\sum h_{理} = H_{终} - H_{始}$,则附合水准路线的高差闭合差为

$$f_h = (h_1 + h_2 + h_3 + \cdots + h_n) - (H_{终} - H_{始}) = \sum h_{测} - (H_{终} - H_{始}) \tag{3-12}$$

限差为

平地 $$f_{h容} = \pm 40\sqrt{L} \quad (\text{mm}) \tag{3-13}$$

山地 $$f_{h容} = \pm 12\sqrt{n} \quad (\text{mm}) \tag{3-14}$$

式中 L——路线总长,km;

n——路线总测站数。

若高差闭合差在容许范围内,即 $|f_h| \leqslant |f_{h容}|$,便可以进行闭合差的调整和高程计算。

(二)高差闭合差的调整与改正后高差的计算

在同一水准路线上,可以认为观测条件是基本相同的,各测站所产生误差的可能性相等。因此,高差闭合差的调整原则是:将闭合差反符号,按与测站数或距离成正比例分配。各测段的高差改正数按下式计算

$$v_i = -\frac{f_h}{\sum n} n_i \tag{3-15}$$

或 $$v_i = -\frac{f_h}{\sum L} L_i \tag{3-16}$$

式中 $\sum n$——测站数总和;

$\sum L$——水准路线总长度,km;

n_i——某测段测站数;

L_i——某测段水准路线长度,km。

各测段高差观测值与其改正数的代数和即为各测段改正后的高差。各测段改正后的高差总和应等于理论高差,若计算时因进位使两者产生差值,应在测站数较多或水准路线较长的测段进行调整。

(三)高程计算

根据起点高程和各测段调整后的高差,即可得各测点高程,最后算得的终点高程应与已知高程相等,否则说明计算有误,应重新计算。

二、闭合水准路线

闭合水准路线高差闭合差的限差、闭合差的调整、待测点高程的推算均与附合水准路线基

本相同，但闭合水准路线高差总和在理论上应等于零，即 $\sum h_{理}=0$，由于测量不可避免存在误差，其高差闭合差的计算公式为

$$f_h=\sum h_{测}-\sum h_{理}=(h_1+h_2+h_3+\cdots+h_n)-0=\sum h_{测} \tag{3-17}$$

闭合水准路线高差闭合差的限差及改正数公式同附合水准路线。

三、支水准路线

如图3-15所示，为由已知水准点 BM_A 开始的一条支水准路线，沿路线往测1、2、3点后，又返测至 BM_A。往、返测实际上也是一条闭合水准路线，理论上讲，往测高差总和 $\sum h_{往}$ 与返测高差总和 $\sum h_{返}$ 应绝对值相等而符号相反，即

$$\sum h_{往}+\sum h_{返}=0$$

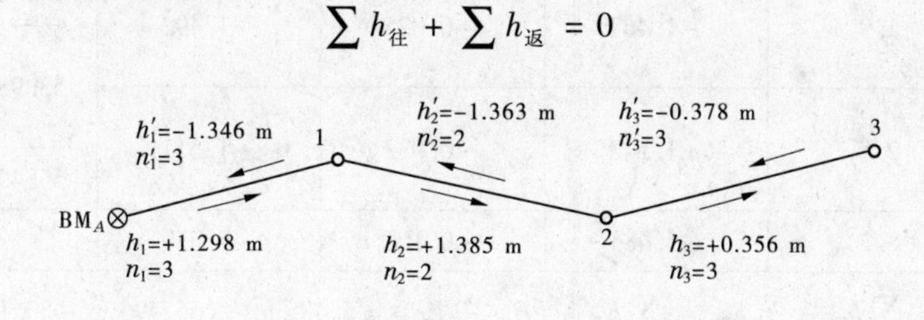

图3-15　支水准路线的外业数据

如果往、返测高差的代数和不等于零，便产生了高差闭合差 f_h，即

$$f_h=\sum h_{往}+\sum h_{返} \tag{3-18}$$

高差闭合差的容许值按式(3-13)、式(3-14)计算，但式中 L 为水准路线往返总长度的千米数，n 为往返测站总数。

当 $|f_h|\leqslant|f_{h容}|$ 时，则分段取往、返测高差绝对值的平均值，符号则以往测高差为准，以此作为该测段改正后的高差，然后从起点沿往测方向推算其他各待测点高程。

【任务实现】

一、附合水准路线的计算

图3-16为附合水准路线，两个已知水准点 BM_A、BM_B 的高程分别为 $H_A=50.117$ m、$H_B=55.496$ m，求1、2、3点的高程。

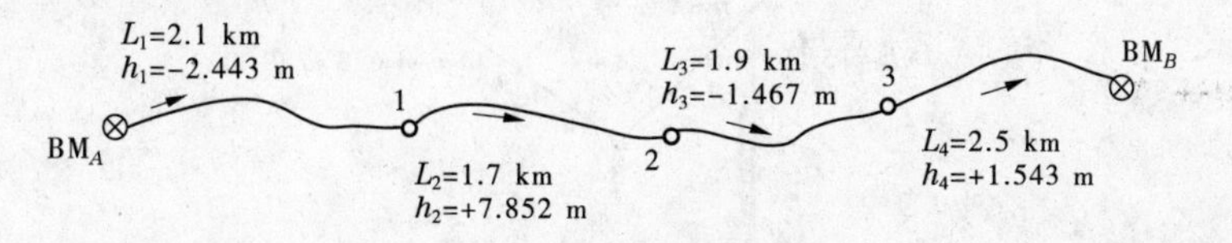

图3-16　附合水准路线数据

解:将图 3-16 所示的各测段所测高差和距离填入表 3-2 中,经高差闭合差的检核及调整,可计算得出 1、2、3 点的高程。要求在整个计算过程中,改正数总和与高差闭合差数值相等,符号相反;改正后高差的总和应等于两已知点间的高差;终点高程的计算值应等于已知值。

表 3-2　附合水准路线成果的计算

点号	距离(km)	观测高差(m)	改正数(m)	改正后高差(m)	高程(m)	说明
BM_A					50.117	已知高程
	2.1	−2.443	−0.027	−2.470		
1					47.647	
	1.7	+7.852	−0.022	+7.830		
2					55.477	
	1.9	−1.467	−0.025	−1.492		
3					53.985	
	2.5	+1.543	−0.032	+1.511		
BM_B					55.496	已知高程
$\sum$	8.2	+5.485	−0.106	+5.379		
辅助计算	$f_h=\sum h_{测}-\sum h_{理}=\sum h_{测}-(H_{终}-H_{始})=5.485\ \text{m}-(55.496\ \text{m}-50.117\ \text{m})=0.106\ \text{m}=106\ \text{mm}$ $f_{h容}=\pm 40\sqrt{L}=\pm 40\times\sqrt{8.2}(\text{mm})=\pm 115\ \text{mm}$ 因$\lvert f_h\rvert\leqslant\lvert f_{h容}\rvert$,故符合测量精度要求					

二、闭合水准路线的计算

图 3-17 为闭合水准路线的外业数据,BM_A 为已知水准点,其高程为 $H_A=150.118$ m,试计算待测点 1、2、3 点的高程。

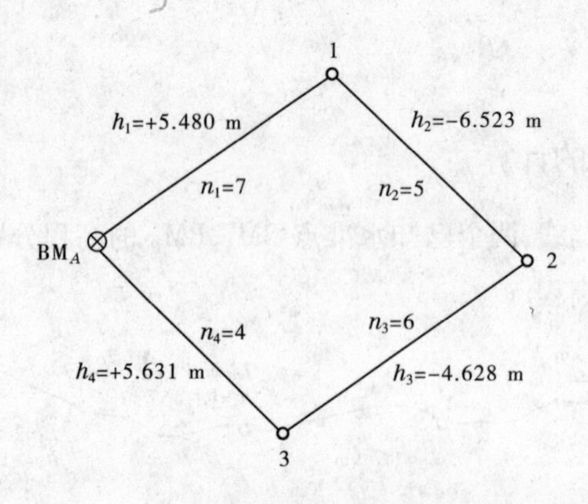

图 3-17　闭合水准路线

解:将图 3-17 所示的各测段所测高差和测站数填入表 3-3 中,经高差闭合差的检核及调整，可计算得出1、2、3点的高程。

表3-3　闭合水准路线成果的计算

点号	测站数(个)	观测高差(m)	改正数(m)	改正后高差(m)	高程(m)	说明
BM_A					150.118	已知高程
	7	+5.480	+0.013	+5.493		
1					155.611	
	5	−6.523	+0.009	−6.514		
2					149.097	
	6	−4.628	+0.011	−4.617		
3					144.480	
	4	+5.631	+0.007	+5.638		
BM_B					150.118	已知高程
$\sum$	22	−0.040	+0.040	0.000		
辅助计算	$f_h = \sum h_{测} - \sum h_{理} = -0.040(m) = -40$ mm $f_{h容} = \pm 12\sqrt{n} = \pm 12 \times \sqrt{22}(mm) = \pm 56$ mm 因$\lvert f_h \rvert \leqslant \lvert f_{h容} \rvert$，故符合测量精度要求					

三、支水准路线的计算与校核

图3-15为支水准路线的外业数据，BM_A为已知水准点，其高程为$H_A = 50.369$ m，试计算待测点1、2、3点的高程。

解：将图3-15所示的各测段所测高差和测站数填入表3-4中，经高差闭合差的检核及调整，可计算得出1、2、3点的高程。

表3-4　支水准路线成果的计算

点号	测站数(个)	往测高差(m)	返测高差(m)	平均高差(m)	高程(m)	说明
BM_A					50.369	已知高程
	3+3	+1.298	−1.316	+1.307		
1					51.676	
	2+2	+1.385	−1.363	+1.374		
2					53.050	
	3+3	+0.356	−0.378	+0.367		
3					53.417	
$\sum$	16	+3.039	−3.057			
辅助计算	$f_h = \sum h_{往} + \sum h_{返} = +3.039$ m $+ (-3.057$ m$) = -0.018$ m $= -18$ mm $f_{h容} = \pm 12\sqrt{n} = \pm 12 \times \sqrt{16}(mm) = \pm 48$ mm 因$\lvert f_h \rvert < \lvert f_{h容} \rvert$，故符合测量精度要求					

任务三　高程控制测量

【任务描述】

在了解各级高程控制网的基础上，运用四等水准测量技术测量各控制点间高差，根据水准路线的不同计算，调整高差闭合差，得出控制点高程。

【任务解析】

在掌握控制测量的概念及各级高程控制网的基础上，对四等水准测量进行实测与计算。

【相关知识】

一、控制测量概述

测量工作的原则是"从整体到局部，由高级到低级，先控制后碎部"。在测区范围内选择一些具有控制作用的点，称为控制点；由控制点相互连接而形成的网状几何图形，称为测量控制网，简称控制网；用精密的测量仪器、工具和相应的方法，准确地测定各控制点的平面坐标和高程大小的工作称为控制测量。

控制测量包括平面控制测量和高程控制测量。测定控制点平面位置的工作称为平面控制测量，它的任务是获取控制点的平面直角坐标，常用导线测量、三角测量等方法；测定控制点高程的工作称为高程控制测量，它的任务是获取控制点的绝对高程，常用的方法有水准测量和三角高程测量。根据不同的用途和范围，测量控制网可分为国家高程控制网、城市高程控制网、小区域高程控制网和图根高程控制网等形式。

（一）国家高程控制网

国家高程控制网以大地水准面为基准面，以水准原点为全国统一起算点，采用精密水准测量的方法建立。首先布设一等水准网，主要沿地质构造稳定、交通不太繁忙、路面坡度平缓的交通路线布设成环状，各闭合环再相互连接成网状；二等水准网布设在一等水准环内，尽量沿公路、铁路和河流布设；三等和四等水准网直接为地形测图和工程建设提供高程控制点，可根据实际情况在高级控制网中建立闭合环或附合水准路线。

（二）城市高程控制网

城市高程控制网主要是水准网，等级依次分为二、三、四等。城市首级高程控制网不应低于三等水准，应布设成闭合环线；加密网可布设成附合路线、结点网和闭合环，一般不允许布设水准支线。光电测距三角高程测量可代替四等水准测量，经纬仪三角高程测量主要用于山区的图根控制及位于高层建筑物上平面控制点的高程测定。

（三）小区域高程控制网

为小区域大比例尺地形测图而建立的控制网称为小区域控制网。建立小区域控制网时，应尽量与国家或城市已建立的高级控制网联测，将高级控制点的高程作为小区域控制网的起算数据和校核数据。如果周围没有国家控制点或城市控制点，或附近的国家控制点不能满足联测的需要，可以建立独立控制网。此时，控制网的起算高程可自行假定。

(四)图根高程控制网

直接为测图而建立的控制图称为图根控制网,其控制点称为图根点。图根高程控制网采用水准测量和三角高程测量的方法布设。

二、高程控制测量

高程控制测量就是测定控制点的高程。小区域高程控制测量,根据情况可采用三、四等水准测量或光电测距三角高程测量等。

【任务实现】

三、四等水准测量主要用于测定施测地区的首级控制点的高程,一般布设成闭合水准路线、附合水准路线,特殊情况下允许采用支水准路线。所用水准仪精度不低于 DS_3 级。水准尺一般采用红黑双面尺,尺上匹配有水准器。在测量前必须进行水准仪的检验校正。

一、三、四等水准测量的技术要求

三、四等水准测量的主要技术要求见表3-5。

表3-5 三、四等水准测量的主要技术要求

等级	视线长度(m)	视线高度(m)	前后视距差(m)	前后视距累积差(m)	红黑面读数差(mm)	红黑面高差之差(mm)
三等	≤65	≤0.3	≤3	≤6	≤2	≤3
四等	≤80	≤0.2	≤5	≤10	≤3	≤5

二、三、四等水准测量的观测方法与计算

(一)每一测站的观测程序

三、四等水准测量主要采用双面水准尺观测法。在测站上的观测程序为:

(1)用圆水准器整平仪器。

(2)后视黑面尺,读下、上视距丝读数(1)、(2),转动微倾螺旋,严格整平水准管气泡,读取中丝读数(3)。

(3)前视黑面尺,读下、上视距丝读数(4)、(5),转动微倾螺旋,严格整平水准管气泡,读取中丝读数(6)。

(4)前视红面尺,转动微倾螺旋,严格整平水准管气泡,读取中丝读数(7)。

(5)后视红面尺,转动微倾螺旋,严格整平水准管气泡,读取中丝读数(7)。

以上观测程序简称为“后、前、前、后”。

(二)测站的计算与检核

(1)视距部分:

后视距离(9) = [(1) - (2)] ×100

前视距离(10) = [(4) - (5)] ×100

前、后视距差(11) = (9) - (10)

前、后视距累积差(12) = 本站(11) + 前站(12)

表 3-6　四等水准测量记录表

测站编号	点号	后尺 下丝读数 上丝读数 后视距(m) 视距差 d(m)	前尺 下丝读数 上丝读数 前视距(m) $\sum d$(m)	方向及尺号	标尺读数 黑面	标尺读数 红面	K + 黑 - 红	平均高差	说明
		(1)	(4)	后	(3)	(8)	(14)		
		(2)	(5)	前	(6)	(7)	(13)		
		(9)	(10)	后 - 前	(15)	(16)	(17)	(18)	
		(11)	(12)						
1	BM1 - ZD1	1.536	1.030	后 1	1.242	6.030	-1		
		0.947	0.442	前 2	0.736	5.422	+1		
		58.9	58.8	后 - 前	+0.506	+0.608	-2	+0.507 0	
		+0.1	+0.1						水准尺 No.5 K_1 = 4.787 水准尺 No.6 K_2 = 4.687 (K 为尺常数)
2	ZD1 - ZD2	1.954	1.276	后 1	1.664	6.350	+1		
		1.373	0.694	前 2	0.985	5.773	-1		
		58.1	58.3	后 - 前	+0.679	+0.577	+2	+0.678 0	
		-0.2	-0.1						
3	ZD2 - ZD3	1.389	1.989	后 1	1.024	5.811	0		
		0.903	1.499	前 2	1.622	6.308	+1		
		48.6	49.0	后 - 前	-0.598	-0.497	-1	-0.597 5	
		-0.4	-0.5						
4	ZD3 - A	1.479	0.982	后 1	1.171	5.859	-1		
		0.864	0.373	前 2	0.678	5.465	0		
		61.5	60.9	后 - 前	+0.493	+0.394	-1	+0.493 5	
		+0.6	+0.1						
每页校核									

(2)高差部分：

黑面所测高差(15) = (3) - (6)

红面所测高差(16) = (8) - (7)

前视尺黑红面读数差(13) = (6) + K_1 - (7)

后视尺黑红面读数差(14) = (3) + K_2 - (8)

后尺与前尺读数差之差(17) = (14) - (13)应等于黑红面所测高差之差。理由是：前视尺、后视尺的红黑面零点差 K_1 和 K_2 不相等(相差 0.1 m)，因此(17)项的检核计算为

$$(17) = (15) - (16) \pm 0.1$$

高差部分各项限差详见表 3-5。

测站上各项限差若超限，则该测站需重测。若检核合格，计算测站平均高差$(18)=[(15)-(16)\pm 0.1]/2$，然后搬仪器到下一测站观测。

三、每页计算总检核

(1)高差检核：

因为黑面各站高差总和

$$\sum(15)=\sum(3)-\sum(6)$$

红面各站高差总和

$$\sum(16)=\sum(8)-\sum(7)$$

由上两式相加得

$\sum(15)+\sum(16)=\sum((3)+(8))-\sum((6)+(7))=29.151-26.989=2.162(\mathrm{m})$

偶数站时$\sum(15)+\sum(16)=2\sum(18)=2\times 1.081=2.162$

奇数站时$\sum(15)+\sum(16)=2\sum(18)\pm 0.1\ \mathrm{m}$

(2)视距检核：$\sum(9)+\sum(10)=$末站视距累积差$(12)=0.1\ \mathrm{m}$

本页总视距$=\sum(9)+\sum(10)=454.1$

四、三角高程测量

当地面两点间的地形起伏较大而不便于施测水准时，可应用三角高程测量的方法测定两点间的高差，再求得高程。该法水准测量精度低，但简便灵活、速度快，常用做山区各种比例尺测图的高程控制。如果用光电测距仪直接测量边长，用经纬仪测定竖直角，再辅以相应的削弱观测误差的措施，其成果精度亦可达到四等水准测量的要求。此方法在平面控制测量后详细说明。

【课后自测】

(1)水准测量的原理是什么？

(2)水准仪的各部分名称是什么？

(3)水准仪的操作步骤是什么？

(4)如何粗略整平水准仪？

(5)如何瞄准目标？

(6)读出图3-18中水准尺读数。

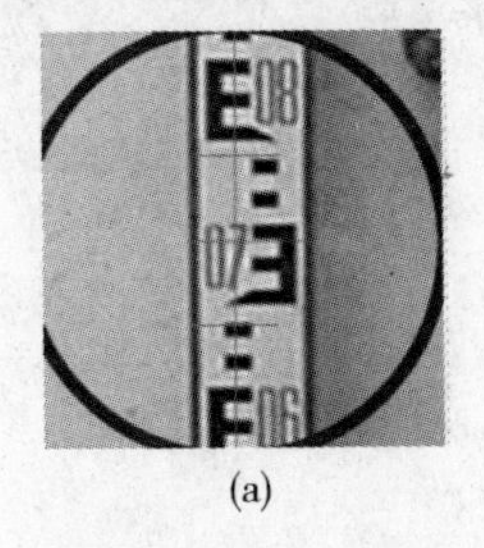
(a)

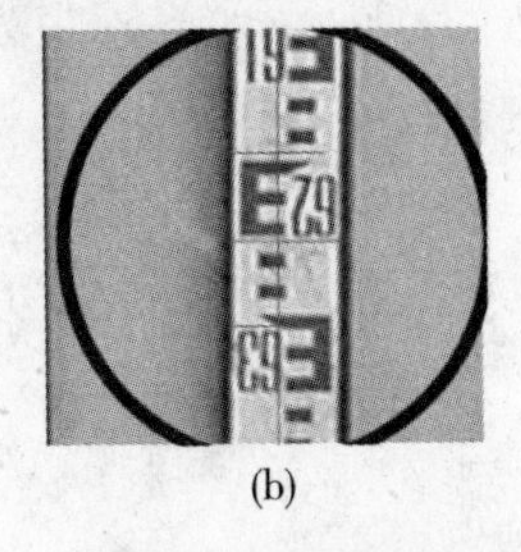
(b)

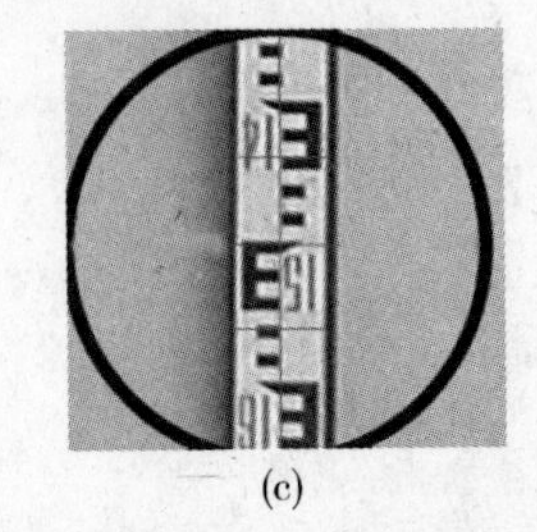
(c)

图3-18　水准尺读数

(7)什么叫水准点？用什么表示？

(8)水准点分几种？

(9)什么叫水准路线？分几种形式？有什么区别？

(10)水准测量的外业工作主要有哪些？

(11)什么叫高差闭合差？如何计算、校核和调整？

(12)若 A 为后视点，B 为前视点，当后视读数 $a=1.213$ m，前视读数 $b=1.478$ m 时，求算 A、B 两点间高差为多少？若 A 点高程为 150.167 m，试问 B 点高程为多少？

(13)图 3-19 所示为一附合水准路线的外业观测数据，当 $H_A=99.865$ m、$H_B=110.582$ m 时，试求算 1、2、3 点高程。

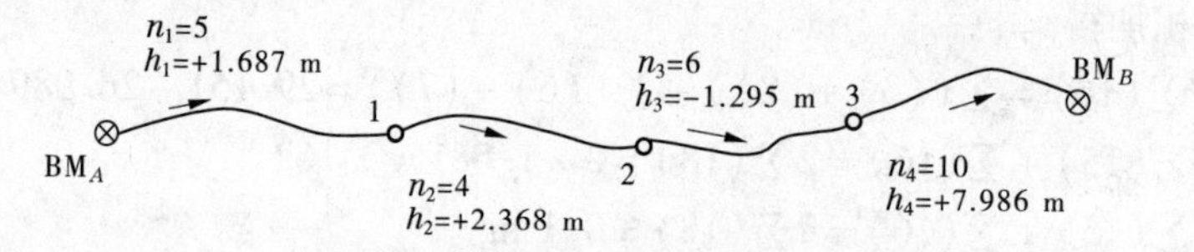

图 3-19　题 13 附合水准路线

(14)图 3-20 所示为一闭合水准路线的外业观测数据，试求算该图中 1、2、3、4 点的高程。

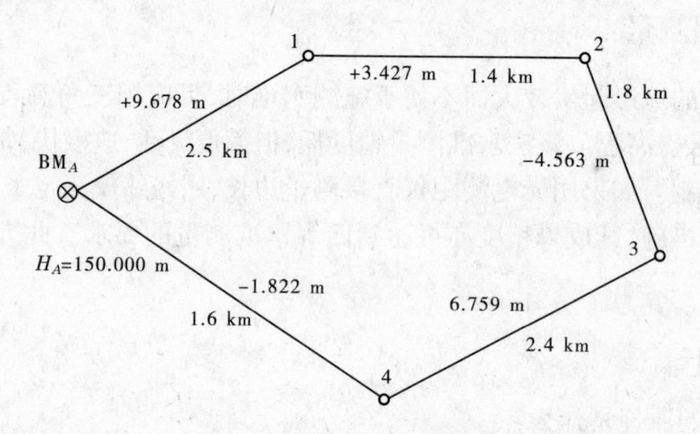

图 3-20　题 14 闭合水准路线

第四章　平面控制测量

学习目标

➢ 掌握平面控制测量的基本知识；
➢ 掌握控制网布设的基本原则和要求；
➢ 会进行距离测量；
➢ 会进行角度测量；
➢ 会进行导线测量的外业测量及内业计算；
➢ 了解 GPS 布设控制网的方法。

任务一　角度测量

【任务描述】

角度测量包括水平角测量和竖直角测量，它是三项基本测量工作的内容之一。本任务主要讲述角度测量的基本原理、光学经纬仪的构造及使用、测角方法、经纬仪的检验校正、经纬仪的测角误差分析及测角注意事项。水平角测量是导线测量的一项重要工作。

【相关知识】

一、水平角测量原理

水平角测量是确定地面点位的基本工作之一，空间相交的两条直线在水平面上的投影所夹的角度叫水平角。如图 4-1 所示水平面 H 上 O_1A_1 与 O_1B_1 的夹角 β，即为地面上 OA 与 OB 两条直线之间的水平角。

$$\beta = a - b \tag{4-1}$$

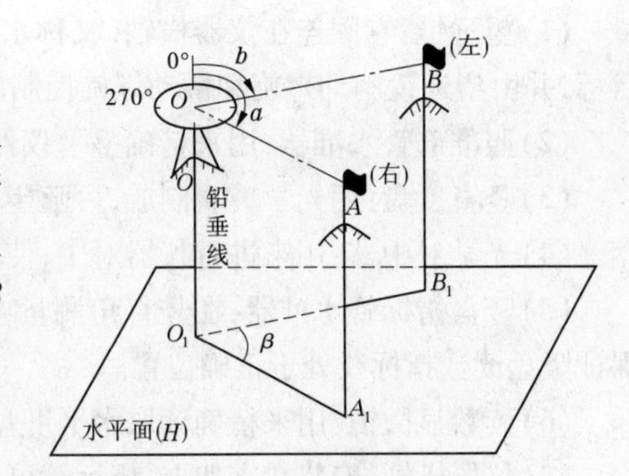

图 4-1　水平角测量原理

二、竖直角测量原理

竖直角指某一方向线与一指标线（水平线或铅垂线）之间的夹角。指标线用水平线时称为倾角，指标线用铅垂线时称为天顶距，如图 4-2所示。

倾角：就是测站点到目标点的视线与水平线在竖直面内投影的夹角，常用 α 表示，其角值为 $-90° \sim +90°$。当视线方向在水平线之上时，称为仰角，符号为正（+）；当视线方向在水平线之下时，称为俯角，符号为负（-）。

天顶距：就是视线与测站点天顶方向之间的夹角，常用 Z 表示，其角值为 $-180° \sim$

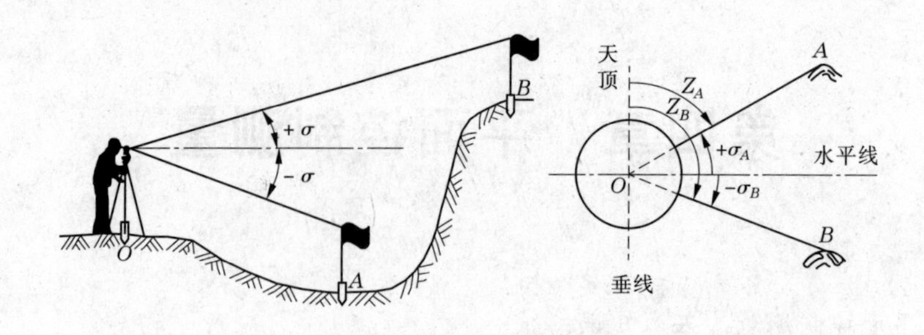

图 4-2　竖直角测量原理

+180°。

三、观测仪器

(一) DJ_6 光学经纬仪

光学经纬仪主要由照准部、水平度盘和基座三部分组成(见图 4-3)。

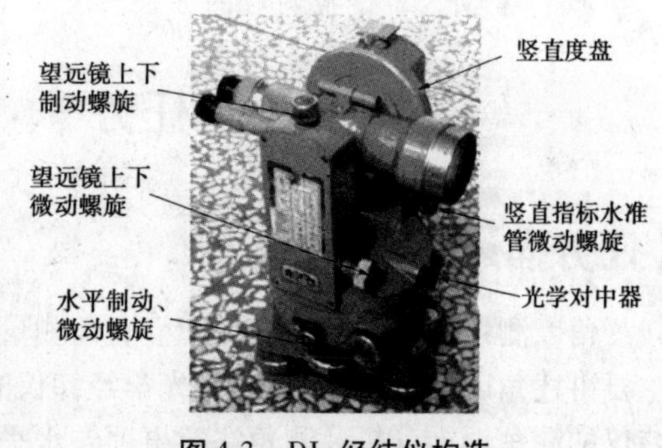

图 4-3　DJ_6 经纬仪构造

1. 照准部

照准部是光学经纬仪的重要组成部分，主要指水平度盘之上，能绕其旋转轴旋转的全部部件的总称，它主要由望远镜、照准部管水准器、竖直度盘、竖盘指标管水准器、读数显微镜、横轴、支架、竖轴、光学对中器等各部分组成。照准部可绕竖轴在水平面内转动，由水平制动螺旋和水平微动螺旋控制。

(1)望远镜：它固连在仪器横轴(又称水平轴)上，可绕横轴俯仰转动而照准高低不同的目标，并由望远镜制动螺旋和微动螺旋控制。

(2)照准部管水准器：用来精确整平仪器。

(3)竖直度盘：用光学玻璃制成，可随望远镜一起转动，用来测量竖直角。

(4)光学对中器：用来进行仪器对中，使仪器中心位于过测站点的铅垂线上。

(5)竖盘指标管水准器：在竖直角测量中，利用竖盘指标管水准微动螺旋使气泡居中，保证竖盘读数指标线处于正确位置。

(6)读数显微镜：用来精确读取水平度盘和竖直度盘的读数。

(7)仪器横轴：安装在支架上，望远镜可绕仪器横轴俯仰转动。

(8)仪器竖轴：又称为照准部的旋转轴，竖轴插入基座内的竖轴轴套中旋转。

2. 水平度盘

水平度盘是由光学玻璃制成的圆盘，其边缘按顺时针方向刻有 0° ~360°的分划。

3 基座

基座是支承整个仪器的底座。照准部连同水平度盘一起插入基座，用中心锁紧螺旋固紧。在基座下面，用中心连接螺旋把整个经纬仪和三脚架相连接，基座上装有三个脚螺旋，用于整平仪器。

（二）电子经纬仪

电子经纬仪是利用光电技术测角，带有角度数字显示和进行数据自动归算及存储装置的经纬仪。电子经纬仪是用计算机控制的电子测角系统，电子测角是从特殊格式的度盘上取得电信号，将电信号再转换成角度，并且自动地以数字形式输出，显示在电子显示屏上，并记录在储存器中。

南方测绘仪器公司生产的 ET－02/05 电子经纬仪结构合理、美观大方、功能齐全、性能可靠、操作简单、易学易用，很容易实现仪器的所有功能，如图 4-4 所示。

1—基座锁定钮；2—水平微动手轮；3—水平制动手轮；4—长水准器；5—望远镜物镜；6—提把；7—提把固定螺丝；8—粗瞄准器；9—仪器中心标记；10—测距仪数据接口；11—显示器；12—操作键盘；13—基座；14—基座脚螺旋；15—圆水准器；16—电子手簿接口；17—对中器目镜；18—对中器调焦手轮；19—望远镜调焦手轮；20—望远镜目镜；21—电池盒按钮；22—机载电池盒；23—垂直制动手轮；24—垂直微动手轮；25—电源开关；26—照明开关；27—基座底板

图 4-4　ET－02/05 电子经纬仪构图

1. 仪器的安置

电子经纬仪的安置包括对中和整平，其方法与光学经纬仪相同，在此不再重述。

2. 仪器的初始设置

本仪器具有多种功能项目供选择，以适应不同作业性质对成果的需要。因此，在作业之前，均应对仪器采用的功能项目进行初始设置。

1）设置项目

（1）角度测量单位：360°、400 gon（出厂设为 360°）。

（2）竖直角 0 方向的位置：水平为 0°或天顶为 0°（仪器出厂设天顶为 0°）。

（3）自动断电关机时间为：30 min 或 10 min（出厂设为 30 min）。

（4）角度最小显示单位：1″或 5″（出厂设为 1″）。

（5）竖盘指标零点补偿选择：自动补偿或不补偿（出厂设为自动补偿，05 型无自动补偿器，此项无效）。

(6)水平角读数经过0°、90°、180°、270°时蜂鸣或不蜂鸣(出厂设为蜂鸣)。

(7)选择与不同类型的测距仪连接(出厂设为与南ND3000连接)。

2)设置方法

(1)按住CONS键,打开电源开关,至三声蜂鸣后松开CONS键,仪器进入初始设置模式状态。此时,显示的下行会显示闪烁着的八个数位,它们分别表示初始设置的内容。八个数位代表的设置内容详见表4-1。

表4-1　初始设置的内容

项目	数位代码	显示屏上行显示的表示设置内容的字符代码	设置内容
第1、2数位	11	359°59′59″	角度单位:360°
	01	399.99.99	角度单位:400 gon
	10	359°59′59″	角度单位:360°
第3数位	1	$H0_T=0$	竖直角水平为0°
	0	$H0_T=90$	竖直角天顶为0°
第4数位	1	30 OFF	自动关机时间为30 min
	0	10 OFF	自动关机时间为10 min
第5数位	1	STEP 1	角度最小显示单位1″
	0	STEP 5	角度最小显示单位5″
第6数位	1	TLT. ON	竖盘自动补偿器打开
	0	TLT. OFF	竖盘自动补偿器关闭
第7数位	1	90°BEEP	象限蜂鸣
	0	DIS. BEEP	象限不蜂鸣
第8数位	可与之连接的测距仪型号		
	0	S. 2L2A	索佳RED2L(A)系列
	1	ND3000	南方ND3000
	2	P. 20	宾得MD20系列
	3	DII600	徕卡系列
	4	S. 2	索佳MINI2系列
	5	D3030	常州大地D3030系列
	6	TP. A5	拓普康DM系列

(2)按MEAS或TRK键使闪烁的光标向左或向右移动到要改变的数字位。

(3)按▲或▼键改变数字,该数字所代表的设置内容在显示屏上以字符代码的形式予以提示。

(4)重复(2)和(3)操作,进行其他项目的初始设置,直至全部完成。

(5)设置完成后按 CONS 键予以确认,把设置存入仪器内,否则仪器仍保持原来的设置。

四、经纬仪基本操作方法

(一)DJ_6 经纬仪

1. 对中

1)垂球对中法

垂球对中法见图 4-5。

(1)张开脚架,调节脚架腿,使其高度适宜,并通过目估使架头水平,架头中心大致对准测站点。

(2)从箱中取出经纬仪安置于架头上,旋紧连接螺旋,并挂上垂球。如垂球尖偏离测站点较远,则需移动三脚架,使垂球尖大致对准测站点,然后将脚架尖踩实。

(3)略微松开连接螺旋,在架头上移动仪器,直至垂球尖准确对准测站点,最后旋紧连接螺旋。

2)光学对中法

光学对中法见图 4-6。

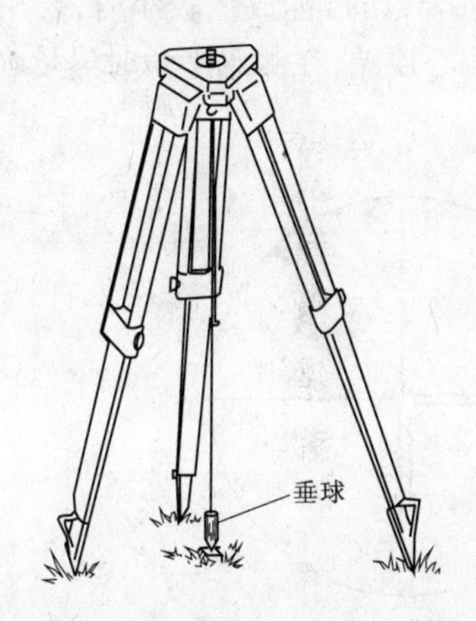

图 4-5 经纬仪垂球对中

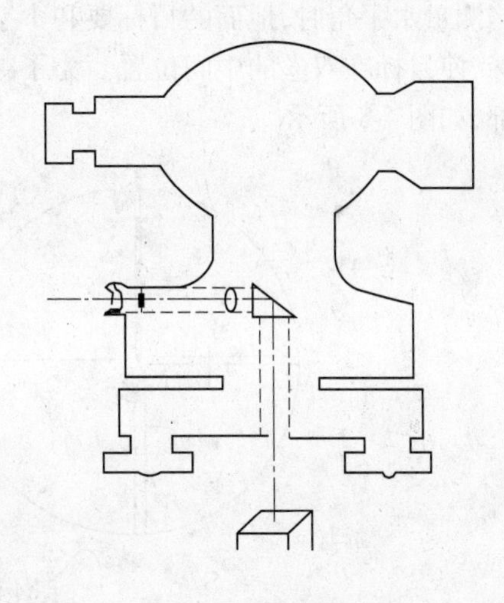

图 4-6 经纬仪光学对中

(1)张开三脚架,目估对中且使三脚架架头大致水平,三脚架高度适中。

(2)将经纬仪固定在三脚架上,调整对中器目镜焦距,使对中器的圆圈标准和测站点影像清晰。踩实一架腿,两手掂起另外两条架腿,用自己的脚尖踩住测站点标志,眼睛通过对点器的目镜来寻找自己的脚尖,找到脚尖便找到了测站点标志,对中地面点标志,放下两架腿踩实即可。

(3)检查测站点是否严格对中,可调节三个脚螺旋使之严格对中。

2. 粗平

通过升降三脚架,使圆水准器的气泡居中。

3. 精平

(1)旋转照准部,使水准管的轴线和任意两脚螺旋的连线平行,分别用两手相对方向转动这两个脚螺旋使气泡居中,如图 4-7 所示。

(2)将照准部旋转90°,当气泡偏离中点时,再转动第三个脚螺旋使气泡居中,如图4-7所示。

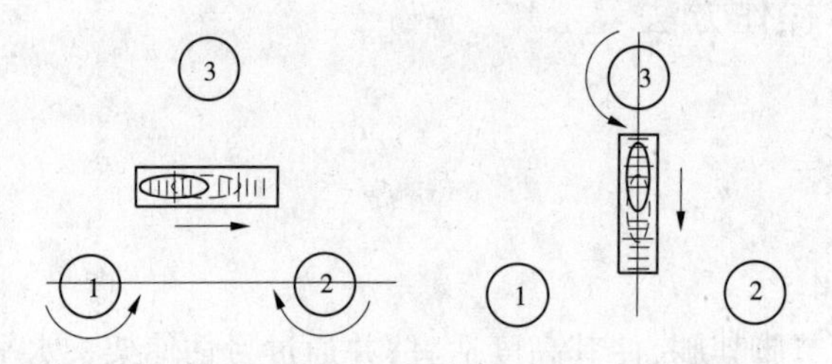

图4-7　整平示意图

(3)按以上步骤重复操作,直到仪器转到任何方向时,气泡都处在居中位置。

4. 照准目标

当经纬仪安置好后,即可松开水平和竖直的制动螺旋,调节目镜使十字丝清晰,先利用准星照准目标,使目标在望远镜的视场内,然后拧紧水平和竖直的制动螺旋,转动物镜调焦螺旋使目标清晰,最后用微动螺旋精确地照准目标并消除视差。

当测量水平角时,地面的目标要和十字丝的竖丝重合,当目标成像较小时,要用双丝夹住目标,使目标在双丝的中间位置。为了减小目标的偏心误差,在测水平角时尽量瞄准目标的底部,如图4-8所示。

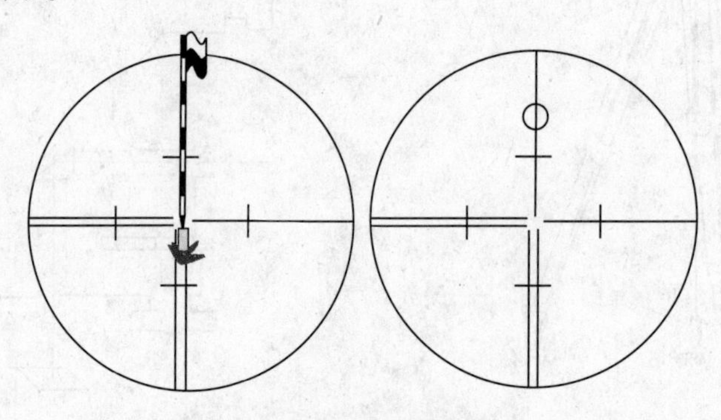

图4-8　瞄准目标

当测量竖直角时地面的目标顶部要和十字丝的横丝相切,为了减小十字丝横丝不水平的误差,照准目标时尽量使目标接近竖丝。

5. 读数

DJ_6型光学经纬仪的水平度盘和竖直度盘直径很小,度盘最小分划一般为1°或5°,小于度盘最小分划的读数必须借助光学测微装置读取。DJ_6型光学经纬仪的测微装置通常采用测微尺或单平板玻璃测微器。由于测微装置不同,读数方法也不同。下面以测微尺为例进行介绍。

在光学光路中装有一条格尺,在视场中格尺的长度等于度盘最小分划的长度。尺的零刻划就是读数的指标线,此种装置称为测微尺。如图4-9所示,为读数显微镜内所看到的度盘及测微尺的影像,注有“水平”(或“H”)的是水平度盘读数窗;注有“竖直”(或“V”)的是竖直度盘的读数窗。度盘刻划为0°~360°,每1°为一格,测微尺上刻60小格,它和度盘上度分划值的影像长度相等。所以,测微尺上每个分划值为1′,可估计到0.1′(即6″)。每10个分划注记一个数字,注记的增加方向与度盘上注记的增加方向相反。

读数前须先打开经纬仪上的反光镜并对读数显微镜目镜进行调焦,使度盘影像清晰,在读取竖直度盘读数时,还须先使竖直度盘指标水准管气泡居中。然后,先读取位于测微尺上的度盘分划的注记度数,分数为从测微尺零分划到该度分划的整格数。不足1′的读数是把度分划所在的格分成10等份,每1份为6″,乘以度分划所占的十分之几格,即秒数都为6的倍数,把各部分相加就为完整的读数。

如图4-9所示:水平度盘读数为:180° + 06′ + 00″ = 180°06′00″, 竖直度盘读数为:76° + 03′ + 30″ = 76°03′30″。

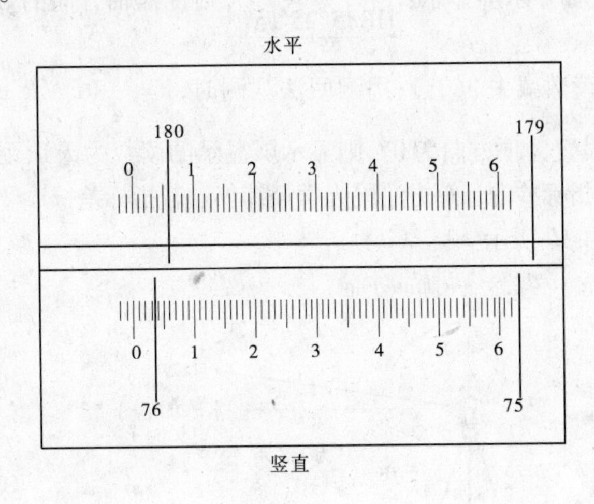

图4-9 读数

注:对于J_6仪器,秒要估读成6的倍数。

(二)电子经纬仪

1. 水平角观测

设角顶点为O,左边目标为M,右边目标为N。观测水平角∠MON的方法如下:

(1)在O点安置仪器。对中、整平后,以盘左位置用十字丝中心照准目标M,先按[R/L]键,设置水平角为右旋(HR)测量方式,再按两次[OSET]键,使目标M的水平度盘读数设置为0°0′00″,作为水平角起算的零方向;顺时针转动照准部,以十字丝中心照准目标N,读取水平度盘读数。如显示屏显示[V93°08′20″ HR87°18′40″],则水平度盘读数为87°18′40″,由于M点的读数为0°00′00″,故显示屏显示的读数也就是盘左时∠MON的角值。

(2)倒镜。以盘右位置照准目标N,先按[R/L]键,设置水平角为左旋(H/L)测量方式,再按两次[OSET]键,使目标N的水平度盘读数设置为0°00′00″;逆时针转动照准部,照准目标M,读取显示屏上的水平度盘读数,也就是盘右时∠MON的角值。

(3)若盘左、盘右的角值之差在误差容许范围内,取其平均值作为∠MON的角值。

2. 竖直角观测

(1)指示竖盘指标归零(V OSET)操作:开启电源后,如果显示“b”,提示仪器的竖轴不垂直,将仪器精确置平后“b”消失。仪器精确置平后开启电源,显示“V OSET”,提示应将竖盘指标归零。其方法为:将望远镜在垂直方向上下转动 1~2 次,当望远镜通过水平视线时,将指示竖盘指标归零,显示出竖盘读数,仪器可以进行水平角及竖直角测量。

(2)竖直角的零方向设置。竖直角在作业开始前就应依作业需要而进行初始设置,选择天顶方向为 0°,两种设置的竖盘结构如图 4-9 所示。

(3)竖直角观测。竖直角在开始观测前若设置水平方向为 0°,则盘左时显示屏显示的竖盘读数即为竖直角,如显示屏显示:

V22°30′25″
HR85°25′15″

,则视准轴方向的竖直角为 +22°30′25″(为俯角时,竖角等于读数减去 360°);用测回法观测时,$V=\frac{1}{2}(L+R\pm180°)$。$x=\frac{1}{2}(L+R-180°\text{或}540°)$,若设置天顶方向为 0°,则显示屏显示的读数为天顶距,可根据竖直角的计算方法换算成竖直角,指标差的计算方法同光学经纬仪。若指标差 $|x|\geqslant10''$,则应进行校正。

竖直角显示如图 4-10 所示。

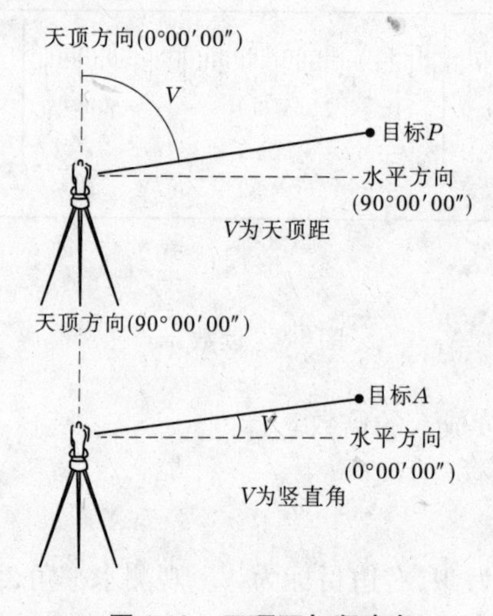

图 4-10　天顶距与竖直角

【任务实现】

一、水平角的观测方法

在测量中,水平角的观测方法通常采用测回法。

测回法适用于观测方向不多于三个时的测量,以盘左和盘右分别观测各方向之间的水平角称为测回法,如图 4-11 所示,要观测的水平角为∠ABC,具体观测方法如下。

(1)首先在测站点 B 上安置经纬仪,对中、整平。

(2)用盘左位置照准左边的目标 A,并将水平度盘置数,所置的度盘读数略大于零,读取读数 $\alpha_{左}$ 并记录。

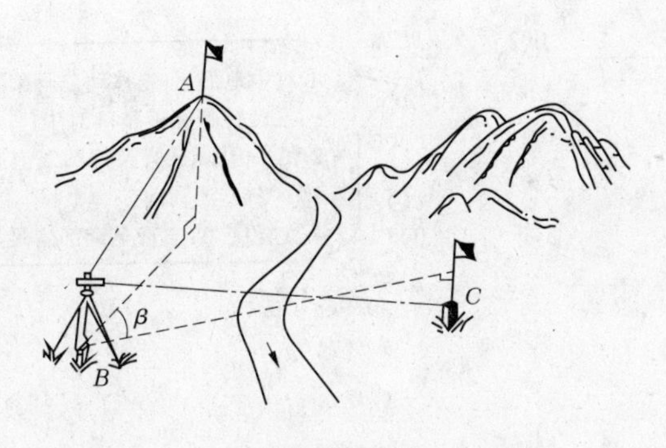

图 4-11

(3)顺时针方向转动照准部照准右边的目标 C,读取读数 $c_{左}$。计算上半测回的角值

$$\beta_{左} = c_{左} - \alpha_{左} \tag{4-2}$$

(4)纵转望远镜,旋转照准部成盘右位置,照准右边目标 C,读取读数 $c_{右}$ 并记录。

(5)逆时针方向转动照准部,照准左边目标 A,读取读数 $\alpha_{右}$并记录。计算下半测回的角值

$$\beta_{右} = c_{右} - \alpha_{右} \tag{4-3}$$

对于 DJ_6 型光学经纬仪,当上、下半测回所测的水平角的角值的差值范围为 ±40″时,取其平均值作为一测回的观测结果,即

$$\beta = \frac{1}{2}(\beta_{左} + \beta_{右}) \tag{4-4}$$

否则应重测。

在实际观测中,当测角精度较高时,对一个角值往往按规定要观测多个测回,每测回都要变一下盘左起始方向的水平度盘读数,每测回变动计数的大小可按$\frac{180°}{n}$计算(n 为测回数)。各测回之间所测的同一角值之差范围为 ±24″,否则应重测。

以图 4-12 为例展示测回法施测过程。

①适用于 2 个方向的单角。

②实测方法。

③数据记录与计算(见表 4-2 和 4-3)。

④注意事项:

若$|\beta_1 - \beta_2| \leqslant 40''$(图根级) 则有

$$\beta = (\beta_1 + \beta_2)/2$$

若观测 n 个测回,各测回间按 $180°/n$ 的计算值来配置度盘。

二、竖直角的观测方法

确定地面点的高程位置除采用水准测量外,还可采用三角高程测量的方法。

三角高程测量即按控制点间的竖直角和边长来计算控制点间的高差,从而推出控制点的高程。因此,在地面高差较大的地区,采用三角高程测量的方法求地面点的高程时,在控制点上除进行水平角的观测外,还要进行竖直角的观测以及量取仪器的高度、觇标高度,以达到推算高程的目的。

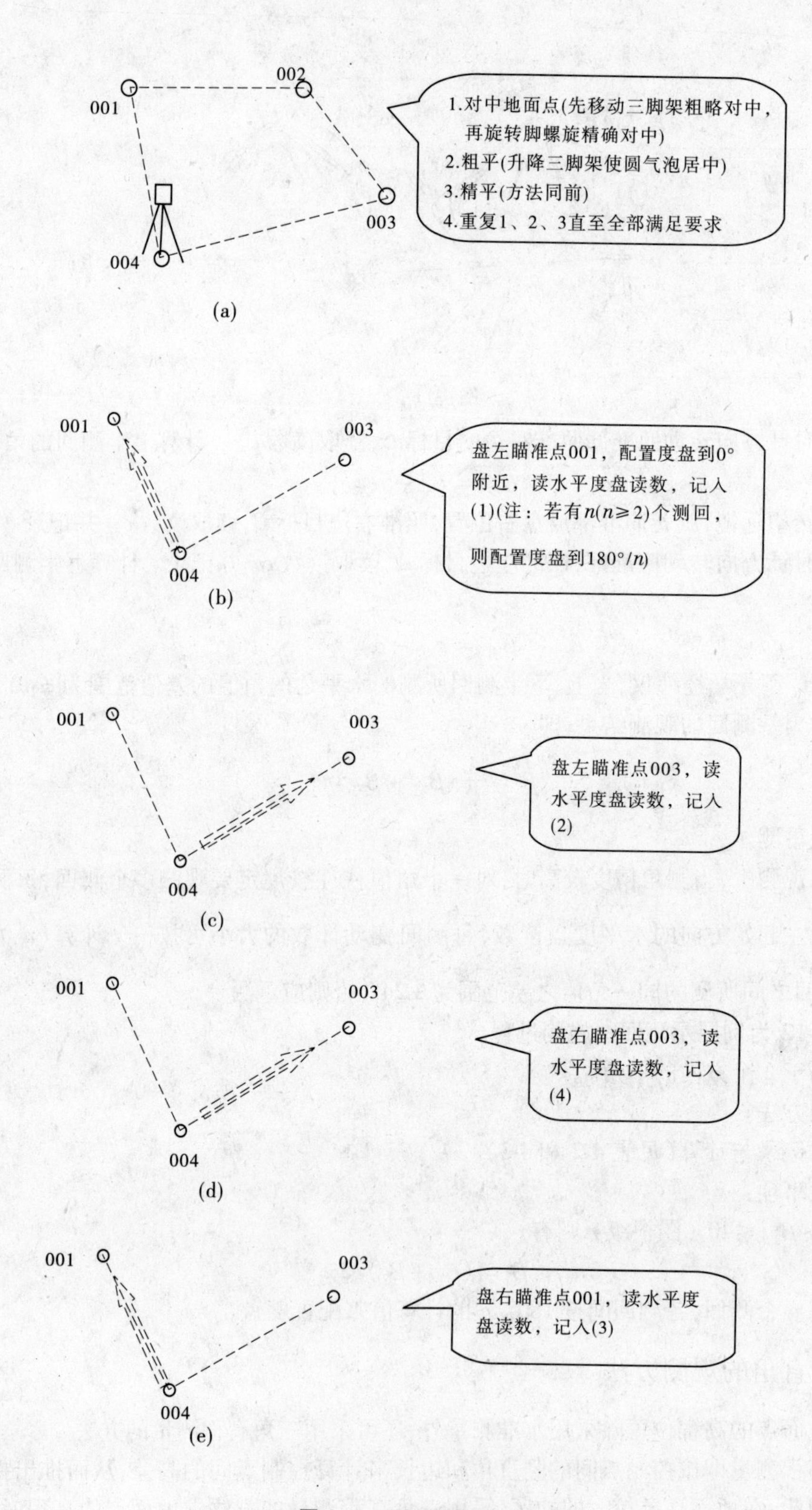

图 4-12　测回法观测示意图

表 4-2　测回法数据记录示意表

测站	竖盘位置	目标	水平度盘读数 (°　″　′)	半测回角值 (°　″　′)	一测回角值 (°　″　′)	示意图
004	左	001	(1)	(2) - (1)	$\frac{[(2)-(1)]+[(4)-(3)]}{2}$	001 003 β 004
		003	(2)			
	右	001	(3)	(4) - (3)		
		003	(4)			

表 4-3　测回法数据记录表

测站	竖盘位置	目标	水平度盘读数 (°　″　′)	半测回角值 (°　″　′)	一测回角值 (°　″　′)	示意图
004	左	001	00　04　18	74　19　24	74　19　15	001 003 β 004
		003	74　23　42			
	右	001	180　05　00	74　19　06		
		003	254　24　06			

(一)竖直度盘的构造

如图 4-13 所示为光学经纬仪竖直度盘构造的示意图。由竖直角测量原理可知,要求安装的横轴(水平轴)一端的竖直度盘与横轴相垂直,且二者的中心重合。度盘分划按 0° ~ 360°进行注记,其形式有顺时针方向与逆时针方向注记两种,指标为可动式。其构造特点有以下几点:

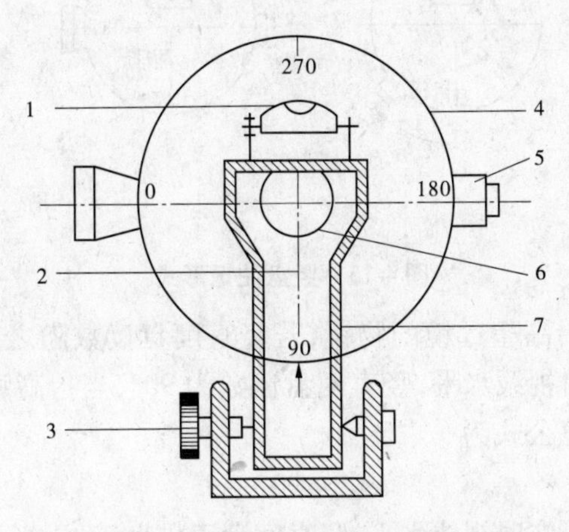

1—指标水准管;2—读数指标;3—指标水准管微动螺旋;

4—竖直度盘;5—望远镜;6—水平轴;7—框架

图 4-13　光学经纬仪竖直度盘构造

（1）竖直度盘、望远镜固定在一起，当望远镜绕横轴（水平轴）上下转动时，竖直度盘随着转动，而指标不一起转动。

（2）读数指标、指标水准管、指标水准管微动框架三者连成一体，而且指标的方向与指标水准管轴垂直。当转动指标水准管微动螺旋时，通过其框架使指标及其水准管做微量运动，当气泡居中时，水准管轴水平而指标就处于正确位置（即铅垂）。

（3）当望远镜视线水平，且指标水准管气泡居中时，指标在竖直度盘上的读数应为90°或90°的倍数。图4-14中指示读数为90°

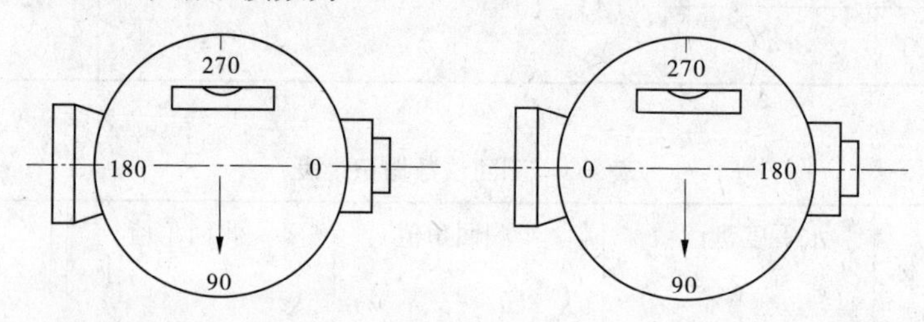

图4-14

（二）竖直角的计算

竖直角是测站点到目标点的倾斜视线和水平视线之间的夹角，因此与水平角计算原理一样，竖直角也应是两个方向线的竖盘读数之差；但是，由于视线水平时的竖盘读数为一常数（90°的倍数），故进行竖直角测量时，只需读取指标方向的竖盘读数，便可根据不同度盘注记形式相对应的计算公式计算出所测目标的竖直角。

竖直度盘的注记形式很多，图4-15所示为DJ_6型光学经纬仪常见的两种注记形式。它们计算竖直角的公式有所不同。在观测之前，应确定出竖直度盘的注记形式，以便写出其计算公式。确定方法如下。

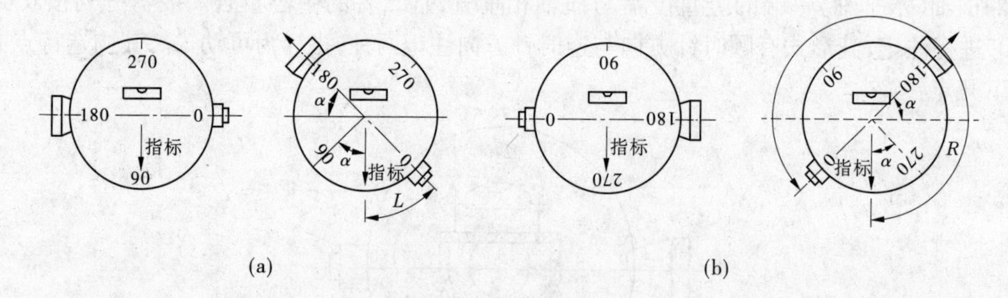

图4-15　竖盘注记形式

（1）盘左位置，逐渐抬高望远镜的物镜，若竖直度盘读数随之减少，则为顺时针注记。如图4-15（a）所示，盘左时视线水平，竖直度盘读数为90°，当抬高物镜照准目标时，竖直度盘读数为L，则竖直角计算公式为

$$\alpha_{左} = 90° - L \tag{4-5}$$

如图4-15（b）所示，盘右时视线水平，竖直度盘读数为270°，当抬高物镜，瞄准同一目标时，竖直度盘读数为R，则竖直角计算公式为

$$\alpha_{右} = R - 270° \tag{4-6}$$

（2）盘左位置，逐渐抬高望远镜，若竖直度盘读数随之增大，则为逆时针注记。如图4-16

所示,同样道理可确定出竖直角的计算公式为

$$\alpha_{左} = L - 90° \tag{4-7}$$

$$\alpha_{右} = 270° - R \tag{4-8}$$

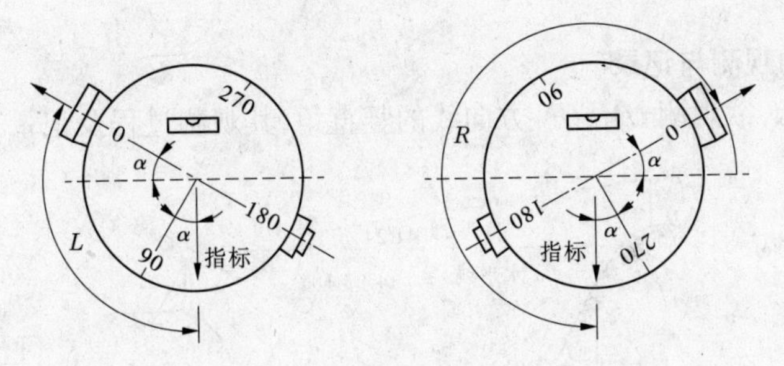

图 4-16

(三)竖直角计算公式

竖直角计算公式是在望远镜视线水平、指标水准管气泡居中、指标处于正确位置(铅垂)条件下推导出的。而实际上这个条件往往不能满足,即视线水平、指标水准管气泡居中时,指标所处的位置与正确位置产生了一个 x 角,该角值就称为竖直度盘的指标差,简称指标差。

如图 4-17(a)所示,盘左时竖直角公式为

$$\alpha_{左} = 90° - L - x = \alpha_{左} - x \tag{4-9}$$

如图 4-17(b)所示,盘右时竖直角公式为

$$\alpha_{右} = R - 270° + x = \alpha_{右} + x \tag{4-10}$$

因式(4-9)与式(4-10)两式相等

$$\alpha_{左} - x = \alpha_{右} + x \tag{4-11}$$

两式相加取平均值得

$$\alpha = \frac{1}{2}(\alpha_{左} + \alpha_{右}) = \frac{1}{2}(R - L - 180°) \tag{4-12}$$

两式相减得

$$x = \frac{1}{2}(\alpha_{左} - \alpha_{右}) = \frac{1}{2}(360° - R - L) \tag{4-13}$$

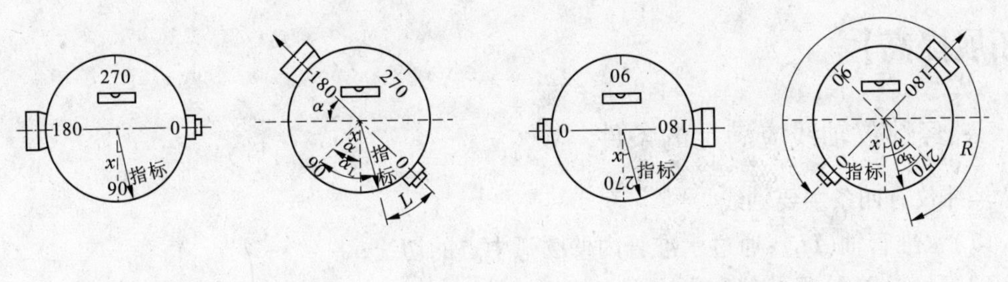

图 4-17

通过上述分析可得到如下结论：

(1)从式(4-12)可以看出，用盘左、盘右观测取平均值可消除指标差的影响。

(2)指标差 x 的值有正有负，当指标线沿度盘注记方向偏移时，造成读数偏大，则 x 为正，反之 x 为负。

(四)竖直角的观测与记录

如图 4-18 所示，欲观测 OM、ON 方向线的竖直角，其观测过程及记录、计算方法如下：

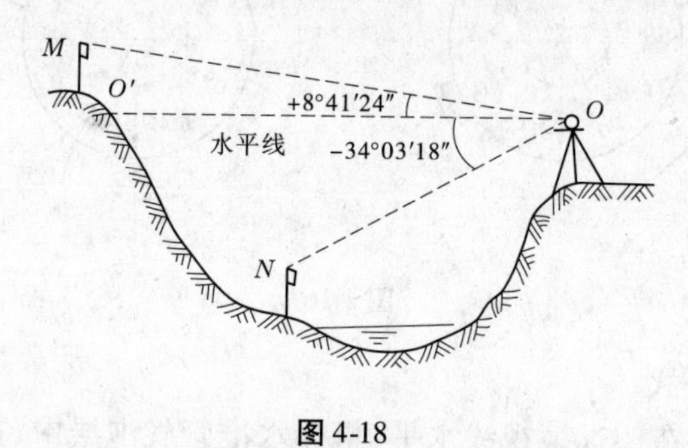

图 4-18

(1)在测站点 O 上安置仪器，盘左照准目标点 M，使十字丝横丝精确地切于目标顶端。

(2)转动竖直度盘指标水准管微动螺旋，使指标水准管气泡居中，读取竖直度盘读数 L(81°18′42″)，记入表 4-4 竖直角观测手簿中。

表 4-4　竖直角观测手簿

测站	目标	竖盘位置	竖盘读数	半测回竖直角	指标差	一测回竖直角
1	2	3	4	5	6	7
O	M	左 右	81°18′42″ 278°41′30″	+8°41′18″ +8°41′30″	-6″	+8°41′24″
	N	左 右	124°03′30″ 235°56′54″	-34°03′30″ -34°03′06″	-12″	-34°03′18″

(3)盘右，再照准 M 点，调平指标水准管气泡，读取竖直度盘读数 R(278°41′30″)，记入手簿中。

【拓展提高】

一、经纬仪轴线应满足的条件

经纬仪有四条主要轴线：

(1)水准管轴(LL)：通过水准管内壁圆弧中点的切线；

(2)竖轴(VV)：经纬仪在水平面内的旋转轴；

(3)视准轴(CC)：望远镜物镜中心与十字丝中心的连线；

(4)横轴(HH)：望远镜的旋转轴(又称水平轴)。

经纬仪各轴线之间应满足表 4-5 所列条件。

表 4-5　经纬仪应满足的主要条件

应满足条件	目的	说明
$LL \perp VV$	当气泡居中时，LL 水平，VV 竖直，水平度盘水平	VV 铅垂是前提
$CC \perp HH$	望远镜绕 HH 纵转时，CC 移动轨迹为一平面	否则是一圆锥面
“｜”$\perp HH$		“｜”指十字丝竖丝
光学对中器的视线与 VV 重合	使竖轴旋转中心（水平度盘中心）位于过测站的铅垂线上	
$x=0$	便于竖直角测量	

二、经纬仪的检验与校正

（一）$LL \perp VV$ 的检校

1. 检验

粗平经纬仪，转动照准部使水准管平行于任意两个脚螺旋，调节脚螺旋使水准管气泡居中。旋转照准部 180°，检查水准管气泡是否居中，若气泡仍居中（或≤0.5 格），则 $LL \perp VV$；否则说明两者不垂直，需校正。

2. 校正

目前状态下，调节与水准管平行的脚螺旋，使气泡回移总偏移量的一半。用校正针拨动水准管一端的校正螺丝，使气泡居中。反复检校几次，直至满足要求。

说明：若 LL 不垂直于 VV，则气泡居中（LL 水平）时，VV 不铅垂，它与铅垂线有一夹角；当绕倾斜的 VV 旋转 180°后，LL 便与水平线形成夹角 2α，它反映为气泡的总偏移量。当用脚螺旋调回总偏移量的一半时，VV 已铅垂，另一半则是由水准管轴不水平所致，可调整水准管一端的校正螺丝使水准管水平；否则说明两者不垂直，需校正。

（二）“｜”$\perp HH$ 的检校

1. 检验

（1）整平仪器，使竖丝清晰地照准远处点状目标，并重合在竖丝上端。

（2）旋转望远镜微动螺旋，将目标点移向竖丝下端，检查此时竖丝是否与点目标重合；若明显偏离，则需校正（见图 4-19）。

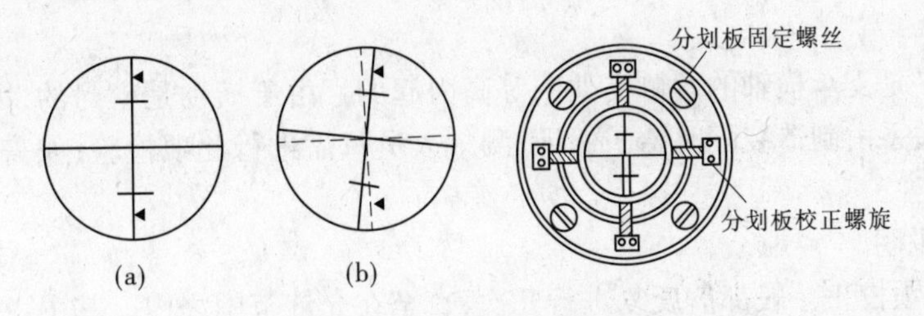

图 4-19　十字丝竖丝检校

2. 校正

拧开望远镜目镜端十字丝分划板的护盖，用校正针微微旋松分划板固定螺丝；然后微微转动十字丝分划板，至竖丝与点状目标始终重合；最后拧紧分划板固定螺丝，并上好护盖。

说明：若"｜" ⊥ HH，则竖丝的移动轨迹在视准轴所划过的平面内。

（三）$CC \perp HH$ 的检校

某水平面上 A、O、B 为一直线上三点，经纬仪盘左瞄准点 A 时，若 $CC \perp HH$，则倒镜后视线应过 B 点；若两者不垂直，则倒镜后视线为 OB'，设 HH' 为横轴的实际位置，视准轴（OA 方向）与横轴方向（HH'）的交角为（$90° - C$），C 称为视准轴误差。若有 C 存在，则可看出倒镜后 $\angle B'OB = 2C$，$2C$ 即为 2 倍的视准轴误差，它意味着盘左、盘右瞄准同一点时，水平度盘读数相差为 $180° - 2C$。盘右重复上述工作时，视线瞄准 B''，B' 与 B'' 关于 OB 对称，$\angle B'OB'' = 4C$。

1. 检验

（1）选择一平坦场地，安置仪器于 A、B 中点 O，在 B 点垂直于 AB 横置一刻有毫米分划的直尺 M，并使 A、O、直尺约位于同一水平面。整平仪器后，先以盘左位置照准远处目标 A，保持照准部不动，纵转望远镜，于 M 尺上读得 B'。

（2）以盘右位置仍照准目标 A，同法在 M 尺上读取读数 B''。

（3）若 $B' = B''$，则 $CC \perp HH$；若 $B' \neq B''$，则需校正。

2. 校正

（1）在盘右状态下，旋转水平微动螺旋，使十字丝竖丝瞄准 B_1，使 $B_1B'' = B'B''/4$，此时 $OB_1 \perp HH'$。

（2）拧开十字丝分划板护盖，用校正针微微拨动十字丝分划板左右校正螺丝一松一紧，使十字丝中心对准目标 B_1 即可。

（四）$HH \perp VV$ 的检校

当竖轴铅垂、$CC \perp HH$ 时，若 $HH \perp VV$ 不满足，则望远镜绕 HH 旋转时，CC 所划过的是一倾斜的平面。依据这一特点，检验时可先整平仪器，分别以盘左、盘右瞄准远处墙壁上一较高目标点 A，再将望远镜转至水平视线方向，这时沿视线在墙壁上作的两点 B、C 将不会重合。

1. 检验

（1）整平仪器后，盘左瞄准 20 ~ 50 m 处墙壁目标 A（仰角 $>30°$）；

（2）固定照准部，纵转望远镜，照准墙上与仪器同高点 B，并标记；

（3）纵转望远镜 180°，盘右位置以相同方法在墙上作点 C；

（4）如果 B 与 C 重合，则 $HH \perp VV$，否则横轴不水平。

2. 校正

横轴不水平是支承横轴的两侧支架不等高引起的。由于横轴是密封的，因此横轴与支架之间的几何关系由制造装配时给予保证，测量人员只需进行此项检验；如需校正，应送仪器维修部门。

（五）检校说明

（1）上述各项校正一般都需反复进行几次，直至在允许范围之内。其中，视准轴的检校是主要检校项。

（2）校正时，应遵循先松后紧的原则。

（3）当前一项未校正会影响到下一项的检校时，校正次序不宜颠倒。

（4）同是校正一个部位的两项，宜将重要的置于后面。

三、水平角观测的误差分析

由于多种原因，任何测量结果中都不可避免地会含有误差。影响测量误差的因素可分为三类：仪器误差、观测误差、外界条件影响。分析各因素对误差的影响，有助于在测量过程中尽可能减弱误差影响、预估影响大小，进而判定成果的可靠性。

（一）仪器误差

虽然仪器经过校正，各轴线处于理想状态，但由于长时间的使用和测量作业的特点，残余误差总会存在。前者是相对的，后者是绝对的。

仪器误差主要有以下几项：

(1)视准轴误差；

(2)横轴误差；

(3)竖轴误差；

(4)度盘偏心误差；

(5)光学对中器视线与竖轴不重合误差。

（二）观测误差

由于操作人员不够细心以及眼睛分辨率与仪器性能的客观限制，在观测中会不可避免地带有误差。

1. 测站偏心误差

观测水平角时，对中不准确使得仪器中心与测站点的标志中心不在同一铅垂线上，造成测站偏心。

当目标点较近或水平角接近180°时，应尤其注意仔细对中。

2. 目标偏心误差

造成目标偏心的原因是观测标志与地面点未在同一铅垂线上，致使视线偏移。其影响类似于测站偏心。

目标偏心距愈大，误差也愈大。在距目标点较近时，观测标志应尽可能使用垂球，并仔细瞄准，尽量瞄准目标底部。

3. 照准及读数误差

照准目标时应仔细操作，用单丝切取目标中央，或用双丝夹中目标。读数时应仔细测微，认真估读，J_6 级经纬仪估读时宜特别注意。

（三）外界条件的影响

影响角度测量的外界因素很多，大风、松土会影响仪器的稳定，地面辐射热会影响大气稳定而引起物像的跳动，空气的透明度会影响照准的精度，温度的变化会影响仪器的正常状态等。这些因素都会在不同程度上影响测角的精度，要想完全避免这些影响是不可能的，观测者只能采取措施及选择有利的观测条件和时间，使这些外界因素的影响降低到最小程度，从而保证测角的精度。

【课后自测】

(1)在水平角观测过程中，盘左、盘右照准同一目标时，是否要照准目标的同一高度？为什么？

(2)试分析测回法测量水平角的操作步骤。

任务二　距离测量

【任务描述】

距离测量是确定地面点相对位置的三项基本外业工作之一,本任务主要介绍了两个问题:距离测量和直线定向。距离测量介绍了测量距离的仪器和方法,包括钢尺量距、视距测量及其使用;直线定向介绍了与直线定向有关的概念以及方位角的传递。距离测量是导线测量的一项重要工作。

【相关知识】

一、钢尺测距

(一)量距工具

1. 钢尺

一般由带状薄钢片制成,卷放在圆形盒内或金属架上,如图4-20所示。宽15~20 mm;长度不等,常用的有20 m、30 m、50 m等几种。最小分划为毫米,有米、分米、厘米注记。

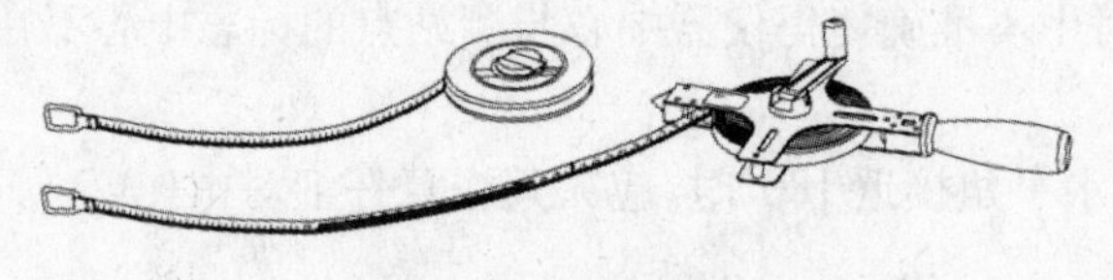

图4-20　钢尺和皮尺

由于零的点位不同,有端点尺和刻线尺的区分。端点尺是以尺的最外端点作为尺的零点,刻线尺是以尺身前端的一分划线作为尺的零点,如图4-21所示。在丈量之前,必须注意查看尺的零点、分划及注记,以防出现差错。

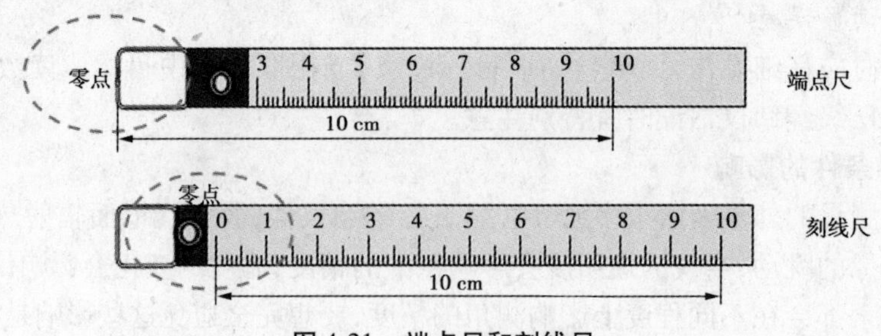

图4-21　端点尺和刻线尺

由于钢尺抗拉强度高,使用时不易伸缩,故量距精度较高,多用于导线测量、工程测设等。

2. 皮尺

皮尺多由麻布及细金属丝编织而成,亦呈带状,卷放在圆盒内,一般长为20 m、30 m、50 m等几种,如图4-20所示。最小分划为厘米,有分米、米注记,两面涂有防腐油漆。由于皮尺受潮易伸缩，受拉易伸长，尺长变化较大，所以常用于精度较低的量距中，如大比例尺地形测图、概略量距等。

3. 标杆

标杆多由直径约为 3 cm 的木杆制成，一般长为 2 ~ 4 m，杆身涂有红白相间的 20 cm 色段，下端装有铁脚，以便插在地面上或对准点位，用以标定直线点位或作为照准标志，如图 4-22 所示。

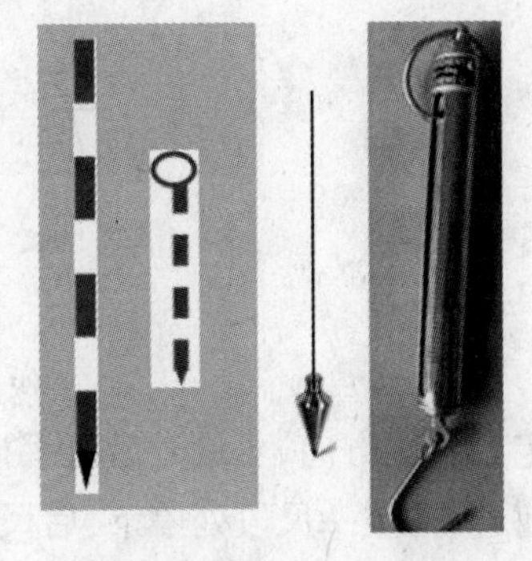

图 4-22　标杆、测钎、垂球和弹簧秤

4. 测钎

测钎用长 30 ~ 40 cm、直径 3 ~ 6 mm 的铁丝制成，上部弯一个小圈，可套入环内，在小圈上系一醒目的红布条，下部尖形，6 ~ 8 根组成一组，用以标定尺点的位置和便于统计所丈量的整尺段数，也可作为照准的标志，如图 4-22 所示。

5. 垂球

垂球用钢或铁制成，上大下尖呈圆锥形，一般质量为 0.05 ~ 0.5 kg 不等，如图 4-22 所示。垂球大头用耐磨的细线吊起后，要求细线与垂球尖在一条垂线上。多用于在斜坡上丈量水平距离时对准尺点。

（二）一般量距

1. 定线

1）目估法

先在 *A*、*B* 两点竖立标杆，甲立于 *A* 点标杆后，乙持另一标杆沿 *BA* 方向走到离 *B* 点约一尺段长的 1 点附近，甲用手势指挥乙沿与 *AB* 垂直的方向移动标杆，直到标杆移到位于 *AB* 直线上，然后在 1 点处插上标杆或测钎，定出 1 点。乙再带着标杆走到 2 点附近，同法定出 2 点，插上标杆或测钎，如图 4-23 所示。

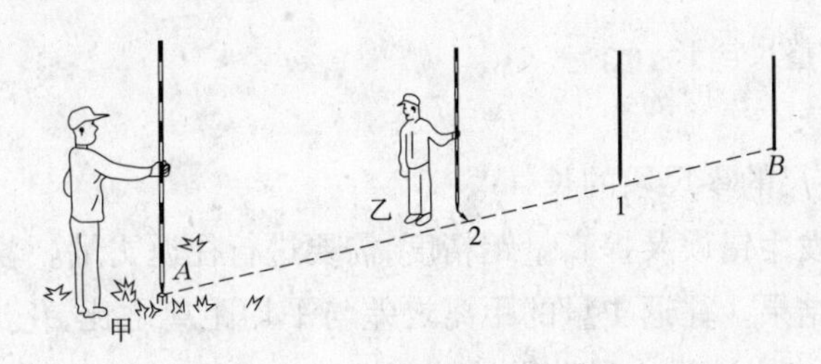

图 4-23　两点间目估定线

2）经纬仪法

在 *A* 点安置经纬仪，对中整平后照准 *B* 点，制动照准部，使望远镜俯视，用手势指挥另一个测量人员移动标杆到与十字丝竖丝重合时，在标杆的位置插入测钎准确定出 1 点的位置。依此类推定出 2 点，如图 4-24 所示。

2. 丈量

1）平坦地区丈量

丈量工作一般由两人进行。如图 4-25 所示，沿地面直接丈量水平距离，可先在地面上

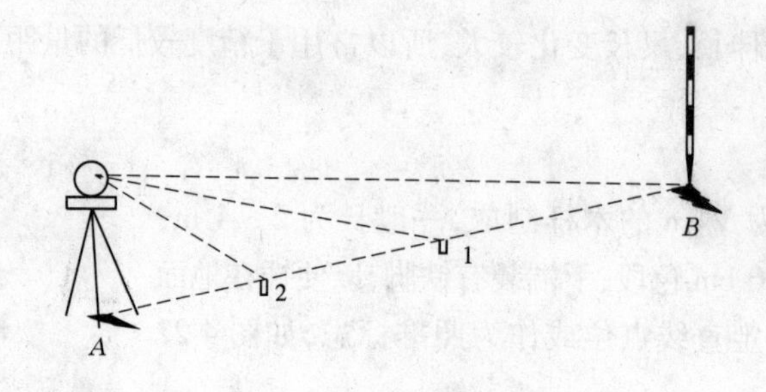

图 4-24　经纬仪定线

定出直线方向，丈量时后尺手持钢尺零点一端，前尺手持钢尺末端和一组测钎沿 A、B 方向前进，行至一尺段处停下，后尺手指挥前尺手将钢尺拉在 A、B 直线上，后尺手将钢尺的零点对准 A 点，当两人同时把钢尺拉紧后，前尺手在钢尺末端的整尺段长分划处竖直插下一根测钎得到 1 点，即量完一个尺段。前、后尺手抬尺前行，当后尺手到达插测钎处时停住，再重复上述操作，量完第二尺段。后尺手拔起地上的测钎，依次前进，直到量完 AB 直线的最后一段。

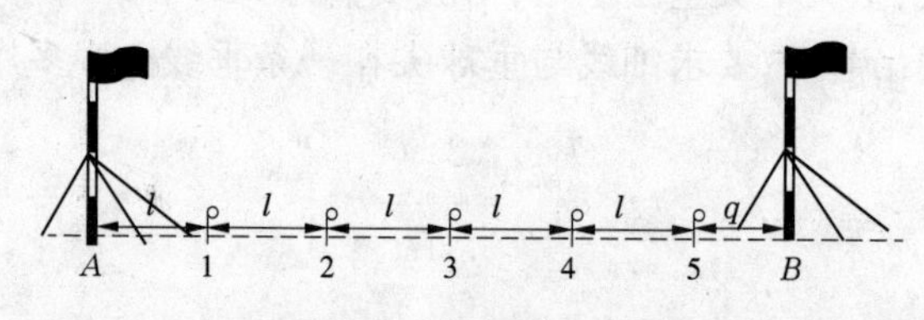

图 4-25　平坦地区丈量

丈量时应注意沿着直线方向，钢尺必须拉紧伸直而无卷曲。直线丈量时尽量以整尺段丈量，最后丈量余长，以方便计算。丈量时应记清楚整尺段数，或用测钎数表示整尺段数。然后逐段丈量，则直线的水平距离按下式计算

$$D = nl + q \tag{4-14}$$

式中　l——钢尺的一整尺段长，m；

n——整尺段数；

q——不足一整尺的零尺段的长，m。

为了防止丈量中发生错误及提高量距精度，需要进行往返丈量。若合乎要求，取往返平均数作为丈量的最后结果。往返丈量的距离之差与平均距离之比，化成分子为 1 的分数时称为相对误差 K，可用它来衡量丈量结果的精度。

精度评定：

$$\text{相对误差 } K = \frac{|D_{往} - D_{返}|}{\frac{1}{2}(D_{往} + D_{返})} = \frac{1}{M} \tag{4-15}$$

相对误差分母越大，则 K 值越小，精度越高；反之，精度越低。

2）倾斜地面丈量

（1）平量法。如图 4-26（a）所示，若地面高低起伏不平，可将钢尺拉平丈量。丈量由 A 向 B 进行，后尺手将尺的零端对准 A 点，前尺手将尺抬高，并且目估使尺子水平，用垂球将倾斜面的某一分划投影于 AB 方向线的地面上，再插以测钎进行标定，并记下此分划读数。

依次进行，丈量 AB 的水平距离，一直量到终点 B，则 AB 两点间的平距 L 为

$$L = l_1 + l_2 + \cdots + l_i \tag{4-16}$$

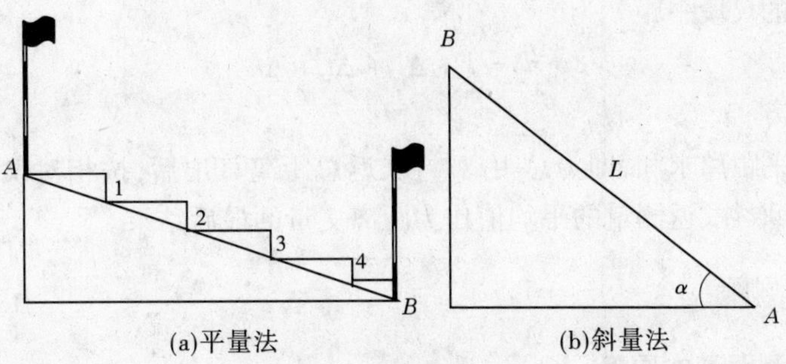

(a)平量法　　(b)斜量法

图 4-26　倾斜地面丈量

(2)斜量法。当倾斜地面的坡度比较均匀时，如图 4-26(b)所示，可沿斜面直接丈量出 AB 的倾斜距离 L，测出地面倾斜角 α，按下式计算 AB 的水平距离 D。

$$D = L\cos\alpha \tag{4-17}$$

(3)内业成果整理。

要求　　$K \leqslant 1/3\ 000$(平坦)，$K \leqslant 1/1\ 000$(山区)

(三)精密量距

1. 尺长方程式

钢尺由于制造上的误差以及受温度和拉力等因素的影响，其实际长度与名义长度往往不符。为了改正量取的名义长度，获得实际距高，故需要对使用的钢尺进行检定。通过检定，求出钢尺在标准拉力(30 m 钢尺为 100 N)、标准温度(通常为 20 ℃)下的实际长度，给出在标准拉力下尺长随温度变化的函数关系式，这种关系式称为尺长方程式。在计算中为了免除拉力改正，在丈量过程中应施加标准拉力。普通钢尺的尺长方程式一般形式为

$$l_t = l_0 + \Delta l_0 + \alpha l_0 (t - t_0) \tag{4-18}$$

式中　l_t——钢尺在标准拉力 F 下，温度为 t 时的实际长度；

l_0——钢尺的名义长度；

Δl_0——在标准拉力、标准温度下钢尺名义长度的改正数，等于实际长度减去名义长度；

α——钢尺的线膨胀系数，即温度每变化 1 ℃，单位长度的变化量，其值取 $1.15 \times 10^{-5} \sim 1.25 \times 10^{-5}$ m/(m · ℃)；

t——量距时的钢尺温度，℃；

t_0——标准温度，通常为 20 ℃。

2. 各尺段平距的计算

精密量距中，每一实测的尺段长度都需要进行尺长改正、温度改正、倾斜改正，以求出改正后的尺段平距。

尺长改正
$$\Delta l = \frac{\Delta l_0}{l_0} l \tag{4-19}$$

温度改正
$$\Delta t = \alpha l (t - t_0) \tag{4-20}$$

倾斜改正
$$\Delta h = -\frac{h^2}{2l} \tag{4-21}$$

计算改正后的尺段平距 d 为
$$d = l + \Delta l + \Delta t + \Delta h \tag{4-22}$$

3. 计算总距离

各尺段的水平距离求和,即为总距离。往、返总距离算出后,按相对误差评定精度。当精度符合要求时,取往、返测量的平均值作为距离丈量的最后结果。

二、电磁波测距

(一)电磁波测距基本原理

如图 4-27 所示,欲测定 A、B 两点间距离 S,先安置测距仪于 A 点,安置反光棱镜于 B 点。测距仪发射的调制光波,射向 B 并反射回仪器的接收系统,从而计算距离 S。

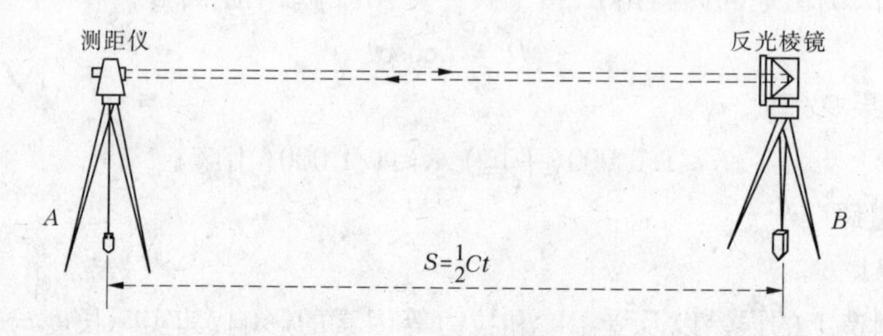

图 4-27 电磁波测距原理

(二)观测仪器

全站仪主要由电子经纬仪、红外测距仪和电子记录部分组成(见图 4-28)。本书所介绍的全站仪均以南方 NTS350 系列为例。全站仪的具体使用说明详见第五章。

(a) 全站仪

(b) 棱镜

图 4-28 全站仪及棱镜

全站仪测量工具主要有三角基座、棱镜组和对中杆。

【任务实现】

以南方 NTS350 系列全站仪为例,介绍距离测量的方法。全站仪操作键一般在显示屏上,根据其操作功能常分为普通操作键和软键盘。

(1)距离测量设置见表 4-6。

表 4-6　距离测量设置

操作过程	操作	显示
①照准棱镜中心	照准	V:　90° 10′ 20″ HR:　170° 30′ 20″ H-蜂鸣　R/L　竖角　P3↓
②按[◢]键,距离测量开始	[◢]	HR:　170° 30′ 20″ HD*[r]　<<m VD:　m 测量　模式　S/A　P1↓ HR:　170° 30′ 20″ HD*　235.343 m VD:　36.551 m 测量　模式　S/A　P1↓
③显示测量的距离 再次按[◢]键,显示变为水平角(HR)、竖直角(V)和斜距(SD)	[◢]	V:　90° 10′ 20″ HR:　170° 30′ 20″ SD*　241.551 m 测量　模式　S/A　P1↓

(2)距离测量(N 次测量/单次测量)(见表 4-7)。当输入测量次数后,仪器就按设置的次数进行测量,并显示出距离平均值。当输入测量次数为 1 时,因为是单次测量,仪器不显示距离平均值。

表 4-7　多次测量设置

操作过程	操作	显示
①照准棱镜中心	照准	V:　122° 09′ 30″ HR:　90° 09′ 30″ 置零　锁定　置盘　P1↓

续表 4-7

操作过程	操作	显示
②按[◢]键,连续测量	[◢]	HR:　170° 30′ 20″ HD*［r］　　<<m VD:　　m 测量　模式　S/A　P1↓
③当连续测量不再需要时,可按[F1](测量)键,测量模式为 *N* 次测量; 当光电测距(EDM)正在工作时,再按[F1](测量)键,模式转变为连续测量模式	[F1]	HR:　170° 30′ 20″ HD*［n］　　<<m VD:　　m 测量　模式　S/A　P1↓ HR:　170° 30′ 20″ HD:　566.346 m VD:　89.678 m 测量　模式　S/A　P1↓

用软键选择距离单位 m/ft/in(见表 4-8),通过软键可以改变距离测量模式的单位。

表 4-8　单位设置

操作过程	操作	显示
①按[F4](↓)键转到第二页功能	[F4]	HR:　170° 30′ 20″ HD:　2.000 m VD:　3.678 m 测量　模式　S/A　P1↓ 偏心　放样　m/f/i　P2↓
②每次按[F3](m/f/i)键,显示单位就可以改变; 每次按[F3](m/f/i)键,单位模式依次切换	[F3]	HR:　170° 30′ 20″ HD:　566.346 ft VD:　89.678 ft 偏心　放样　m/f/i　P2↓

(3)精测模式/跟踪模式设置见表 4-9。

表 4-9　精测模式/跟踪模式设置

操作过程	操作	显示
①在距离测量模式下按[F2](模式)键后设置模式的首字符(F/T)	[F2]	HR:　170° 30′ 20″ HD:　566.346 m VD:　89.678 m 测量　模式　S/A　P1↓

续表 4-9

操作过程	操作	显示
②按 [F1]（精测）键精测，[F2]（跟踪）键跟踪测量	[F1]—[F2]	HR: 170° 30′ 20″ HD: 566.346 m VD: 89.678 m 精测 跟踪 --- F HR: 170° 30′ 20″ HD: 566.346 m VD: 89.678 m 测量 模式 S/A P1↓
要取消设置，按 [ESC] 键。		

【课后自测】

(1)试述平坦地面直线丈量的方法。

(2)试述经纬仪定线的作业方法。

任务三　平面控制网布设

【任务描述】

控制测量是一切测量工作的基础。平面控制测量就是确定图根点的平面坐标。本章主要介绍小区域平面控制测量常用方法的外业工作和有关的内业工作。本任务论述平面控制测量的基础工作，主要介绍平面控制测量的基本知识、控制网的布设等级及要求。

【任务解析】

在城市地区，为满足 1∶500 ~ 1∶2 000 比例尺地形图测绘和城市建设的需要，需在国家控制网的控制下依据城市范围大小布设不同等级的平面控制网。利用全站仪进行图根控制点的布设，可采用图根导线法、图根三角法、交会法等，由于导线的形式灵活，受地形等环境条件的影响较小，一般测量者选择导线法。不论是哪一种类型的导线，其外业工作概括起来主要有踏勘选点及建立标志、丈量边长、观测水平角、测定起始边的方位角或进行连接测量（测量连接边、连接角）。所以，导线法要求测量人员具备距离测量、角度测量、导线内业计算等能力。

【相关知识】

平面控制网布设是按一定精度标准确定控制网点的平面位置，为建立平面控制网而进行的测量工作叫做平面控制测量。平面控制测量的常规方法一般有三角测量和导线测量两种，还可采用 GPS 测量方法。国家平面控制测量常采用三角测量方法，并实行等级制，一般分为一、二、三、四等四个等级，各等级控制网间的关系如图 4-29 所示。

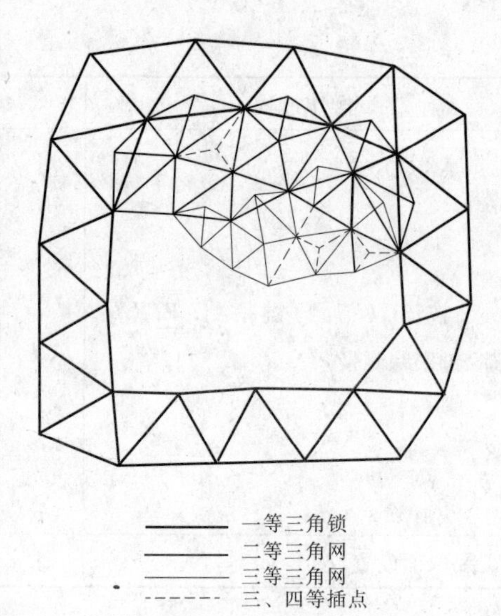

图 4-29　各级控制网的关系

(1)城市控制网是为城市建设工程测量建立统一坐标系统而布设的控制网，它是城市规划、市政工程、城市建设(包括地下工程建设)以及施工放样的依据。它一般以国家控制网为基础，布设成不同等级的控制网。

特别值得说明的是，国家控制网和城市控制网的控制测量是由专业的测绘部门来完成的，其控制成果可从有关的测绘部门索取。

(2)小地区控制网。一般将面积在 15 km^2 以内，为大比例尺测图和工程建设而建立的控制网称为小地区控制网。国家控制网控制点的密度对于测绘地形图或进行工程建设来讲是远远不够的，必须在全国基本控制网的基础上，建立精度较低而又有足够密度的控制点来满足测图或工程建设的需要。

小地区控制网应尽可能与国家(或城市)高级控制网联测，将国家(或城市)控制点作为建立小地区控制网的基础，将国家(或城市)控制点的平面坐标和高程作为小地区控制网的起算数据和校核数据。

当测区内或附近无国家(或城市)控制点，或者附近虽然有，但不便联测时，可以建立测区内的独立控制网。目前，随着 GPS 卫星定位系统和其他现代测量仪器的普及，实现小地区控制网与国家(或城市)控制网点的联测已经不存在问题了。

小地区控制网的分级控制应依据测区面积的大小按精度要求分级建立。在测区范围内建立的最高精度的控制网称为首级控制网。直接为测图建立的控制网称为图根控制网。图根控制网中的控制点称为图根点。首级控制与图根控制的关系见表 4-10。

表 4-10　首级控制与图根控制的关系

测区面积(km^2)	首级控制	图根控制
1 ~ 15	一级小三角或一级导线	两级图根
0.5 ~ 1	二级小三角或二级导线	两级图根
0.5 以下	图根控制	

导线测量是在地面上按照一定的要求选定一系列的点(导线点)，将相邻点连成直线而形成几何图形，依次测定各折线边(导线边)的长度和各转折角(导线角)，根据起算数据，推算各边的坐标方位角，从而求出各导线点的坐标。

导线的布设形式见图 4-30。

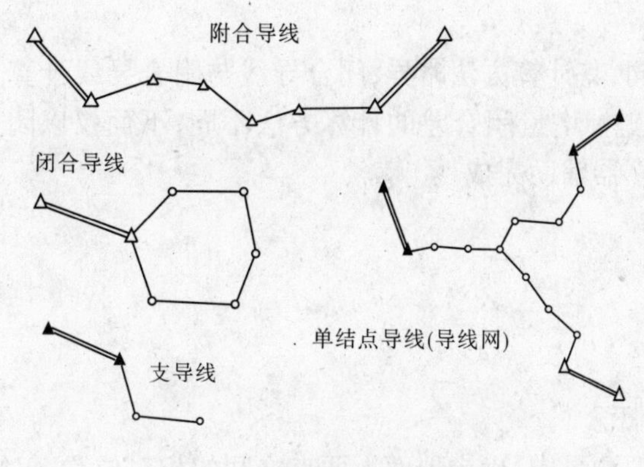

图 4-30 导线布置示意图

【任务实现】

首先要根据测量的目的、测区的大小及测图比例尺来确定导线的等级,然后到测区内踏勘,根据测区的地形条件确定导线的布设形式,还要尽量利用已知的成果来确定布点方案。选定点位时,应注意以下几点:

(1)相邻导线点间应通视良好,以便测角、量边;

(2)点位应选在土质坚硬、便于保存标志和安置仪器的地方;

(3)视野开阔,便于碎部测量和加密图根点;

(4)导线边长应均匀,避免较悬殊的长边与短边相邻,长边不得大于 350 m,短边不宜小于 50 m;

(5)点位分布要均匀,符合密度要求。

导线点选定之后,要用标志将点位在地面上固定下来,并统一编号,还要绘制"点之记",以便日后寻找。

【课后自测】

(1)导线测量有哪些外业工作?

(2)导线网的布设注意事项有哪些?

(3)首级控制和图根控制的区别是什么?

(4)导线控制的优势在哪里?

任务四 导线测量

【任务描述】

导线测量的内业计算是根据外业边长的测量值、转折角观测值及已知起算数据推算导线点坐标值。为了计算正确,首先应绘出导线草图,把检核后的外业测量数据及起算数据注记在草图上,并填写在计算表格中。

【任务解析】

导线布设形式不同,其计算方法略异,闭合导线与附合导线计算步骤基本相同,其主要区别是角度闭合差和坐标增量闭合差的计算方法不同,下面仅以闭合导线为例加以介绍。本任务需使用一般计算器辅助完成。

【相关知识】

一、直线定向

(一)直线定向的概念

在平面图和地形图测量中,确定地面上两点之间的相对位置,仅知道两点之间的水平距离是不够的,还必须确定此直线与标准方向之间的水平夹角。确定一条直线与标准方向之间的角度关系称为直线定向。基本方向线,测量上称为标准方向线,一条直线的方向,通常用它与标准方向之间的角度来表示。所以,确定直线的方向即是确定直线与标准方向之间的角度关系。

(二)标准方向的种类

1. 真子午线方向

通过地球表面某点的真子午线的切线方向,称为该点的真子午线方向(真南北方向)(见图4-31)。真子午线北端所指的方向为真北方向。真子午线方向是用天文测量方法或用陀螺经纬仪测定的。

2. 磁子午线方向

地球表面某点上的磁针在地球磁场的作用下,自由静止时其轴线所指的方向(磁南北方向),称为该点的磁子午线方向。磁针北端所指的方向为磁北方向(见图4-31)。磁子午线方向可用罗盘仪测定。在小面积测图中常采用磁子午线方向作为标准方向。

3. 坐标纵轴方向

通过地面上某点平行于该点所处的平面直角坐标系的纵轴方向,称为坐标纵轴方向。坐标纵轴北端所指的方向为坐标北方向。如假定坐标系,则用假定的坐标纵轴(x轴)作为标准方向。

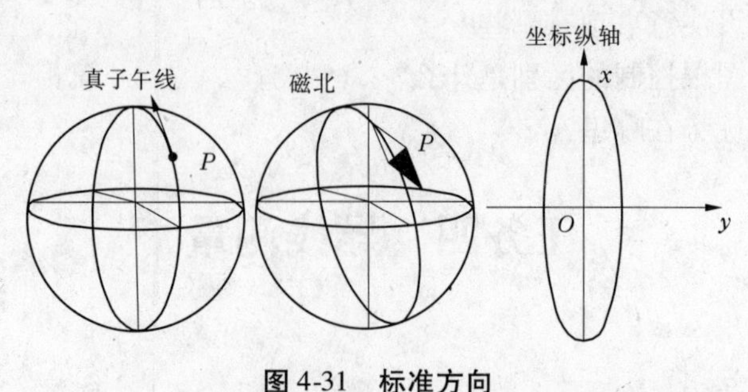

图4-31　标准方向

(三)方位角

1. 定义

从标准方向的北端起,顺时针方向到直线的水平角称为该直线的方位角。方位角的取值范围为0°~360°。

2. 分类

由于标准方向的不同，方位角可分为真方位角、磁方位角和坐标方位角，测量中坐标方位角往往简称为方位角，用α表示（见表4-11）。

表4-11　各标准方向测定法

标准方向	方位角名称	测定方法
真北方向（真子午线方向）	真方位角A	天文或陀螺仪测定
磁北方向（磁子午线方向）	磁方位角A_m	罗盘仪测定
坐标纵轴（轴子午线方向）	坐标方位角α	坐标反算而得

以上三种标准方向，总称为“三北方向”，在一般情况下，它们是不一致的，如图4-32所示。

3. 正、反方位角

在测量工作中，我们把直线的前进方向叫正方向，反之叫反方向。如图4-33所示，A为直线的起点，B为直线的终点，通过A点的坐标纵轴与直线AB所夹的坐标方位角α_{AB}称为直线的正坐标方位角，而BA直线的坐标方位角α_{BA}称为反坐标方位角。因为各点的纵坐标轴的方向都是相互平行的，所以直线AB的正坐标方位角α_{AB}、反坐标方位角α_{BA}相差180°，即正、反方位角见图4-32。正、反坐标方位角间的关系为

$$\alpha_{AB} = \alpha_{BA} \pm 180° \tag{4-23}$$

4. 坐标方位角的推算

由图4-34可知：

$$\alpha_{23} = \alpha_{21} - \beta_2 = \alpha_{12} + 180° - \beta_2 \tag{4-24}$$

$$\alpha_{34} = \alpha_{32} + \beta_3 - 360° = \alpha_{23} + 180° + \beta_3 - 360° \tag{4-25}$$

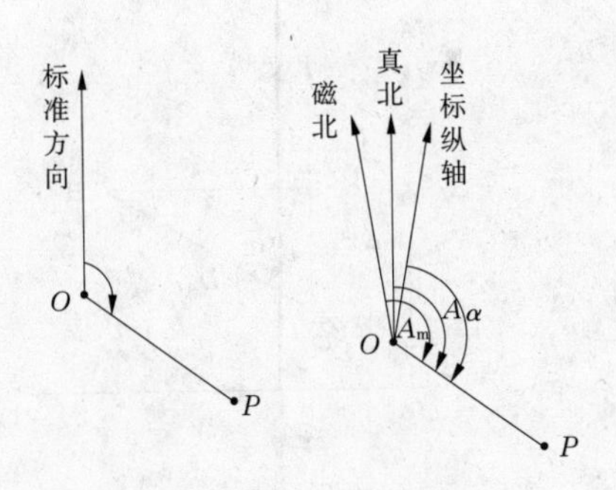

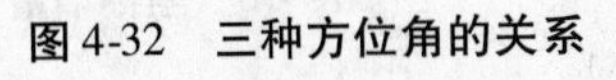

图4-32　三种方位角的关系

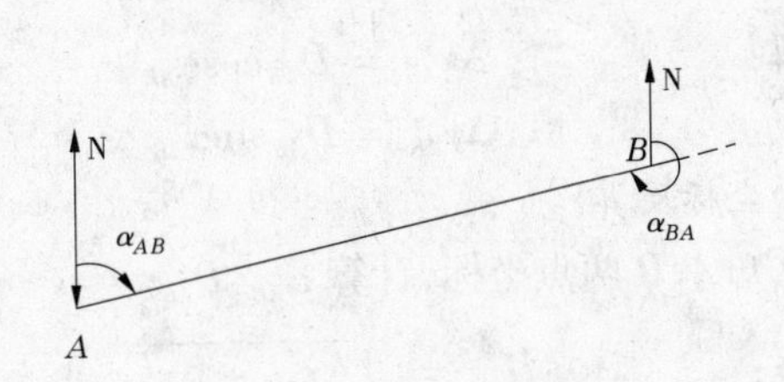

图4-33　正、反方位角

推算坐标方位角的一般公式为：

$$\left.\begin{array}{l} \alpha_{前} = \alpha_{后} + \beta_{左} \pm 180° \\ (若\ \alpha_{后} + \beta_{左} > 180°，则取加号；否则，取减号) \\ \alpha_{前} = \alpha_{后} - \beta_{右} \pm 180° \\ (若\ \alpha_{后} - \beta_{右} > 180°，则取减号；否则，取加号) \end{array}\right\} \tag{4-26}$$

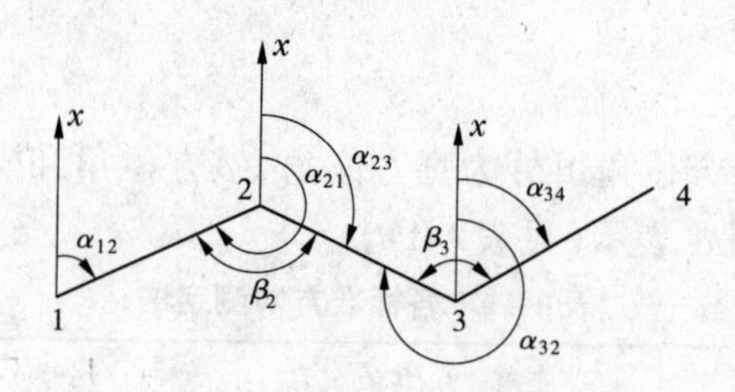

图 4-34　坐标方位角关系

注:如果 $\alpha>360°$,应自动减去 360°;如果 $\alpha<0°$,则自动加上 360°。

(四)象限角与方位角的关系

1. 象限角定义

所谓象限角,是指从坐标纵轴的指北端或指南端起始,至直线的锐角,用 R 表示,取值范围为 0° ~90°。

2. 象限角与方位角的关系

象限角与方位角的关系见表 4-12,其关系如图 4-35 所示。

表 4-12　象限角与方位角关系

象限	象限角	方位角
Ⅰ	R	$\alpha=R$
Ⅱ	R	$\alpha=180°-R$
Ⅲ	R	$\alpha=180°+R$
Ⅳ	R	$\alpha=360°-R$

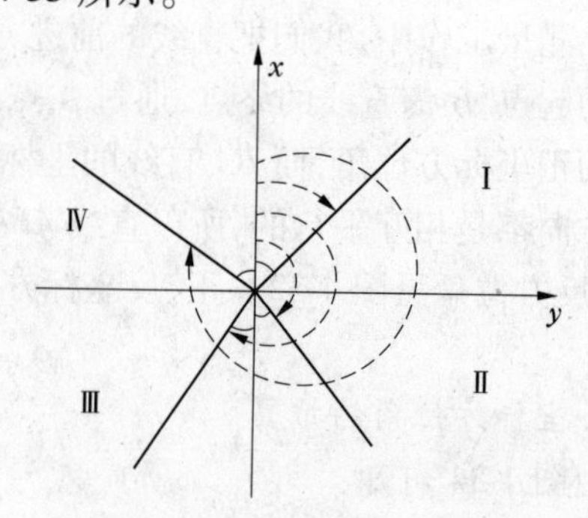

图 4-35　象限角与方位角关系

(五)坐标正、反算

1. 坐标正算

已知 D_{AB} 和 α_{AB},计算坐标增量(见图 4-36)。

解:

$$\Delta x_{AB}=D_{AB}\cos\alpha_{AB}$$

$$\Delta y_{AB}=D_{AB}\sin\alpha_{AB}$$

2. 坐标反算

已知 A、B 两点坐标,计算 α_{AB}、D_{AB}。

解:

$$D_{AB}=\sqrt{\Delta x_{AB}^2+\Delta y_{AB}^2}$$

$$\alpha_{AB}=\arctan\frac{\Delta y_{AB}}{\Delta x_{AB}}$$

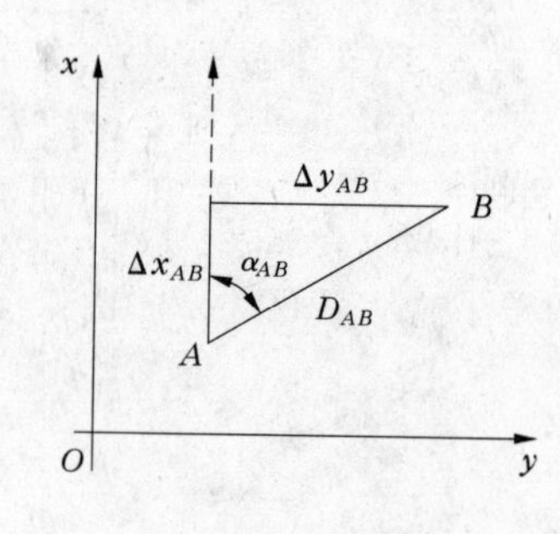

图 4-36　坐标增量

二、导线测量的外业工作

导线测量的外业工作包括踏勘选点,建立标志,测边和测角。

(一)踏勘选点,建立标志

导线点的选择直接影响导线测量的精度和速度以及导线点的使用与保存。因此,在踏勘选点之前，首先要调查和收集测区已有的地形图及高等级控制点的成果资料，依据测图和施工的需要，在地形图上拟定导线的布设方案，然后到野外现场踏勘、核对、修改、落实点位和建立标志。如果测区没有以前的地形资料，则需要现场实地踏勘，根据实际情况，直接拟定导线的路线和形式，选定导线点的点位及建立标志。选点时，应注意以下几点：

(1)相邻点间要通视良好，地势较平坦，便于量边和测角。

(2)点位应选在土质坚实、视野开阔处，以便于保存点的标志和安置仪器，同时便于碎部测量和施工放样。

(3)导线边长应大致相等，相邻边长度之比不要超过3倍。

(4)所选导线点必须满足观测视线超越(或旁离)障碍物1.3 m以上。

(5)路线平面控制点的位置应沿路线布设，距路中心的位置宜大于50 m且小于300 m，同时应便于测角、测距、地形测量和定线放样。

(6)在桥梁和隧道处应考虑桥隧布设控制网的要求，在大型构造物的两侧应分别布设一对平面控制点。

(7)导线点要有足够的密度，便于控制整个测区。

确定导线点的位置后，应根据需要做好标志。在沥青或碎石两种路面上，也可用顶上刻有“十”字的大铁钉代替；若导线点为短期保存，只要在地面上打下一个大木桩，在桩顶钉作为导线点的临时标志；若导线点需要长期保存，就要埋设桩顶刻凿“十”字的石桩或在桩顶上端预埋刻有“十”字的钢筋混凝土桩。

(二)边、角观测和定向

1. 测边

导线边长可用电磁波测距仪或全站仪单向施测完成，也可用经检定过的钢尺往返丈量完成。但均要符合表4-13导线测量的主要技要求。

表4-13　导线测量的主要技术要求

等级	导线长度(km)	平均边长(km)	测角中误差(″)	测距中误差(mm)	测距相对中误差	测回数			方位角闭合差(″)	相对闭合差
						DJ_1	DJ_2	DJ_6		
三等	14	3	1.8	20	≤1/150 000	6	10	—	$3.6\sqrt{n}$	≤1/55 000
四等	9	1.5	2.5	18	≤1/80 000	4	6	—	$5\sqrt{n}$	≤1/35 000
一级	4	0.5	5	15	≤1/30 000	—	2	4	$10\sqrt{n}$	≤1/15 000
二级	2.4	0.25	8	15	≤1/14 000	—	1	3	$16\sqrt{n}$	≤1/10 000
三级	1.2	0.1	12	15	≤1/7 000	—	1	2	$24\sqrt{n}$	≤1/5 000

2. 测角

导线的转折角有左、右之分，以导线为界，按编号顺序方向前进，在前进方向左侧的角称为左角，在前进方向右侧的角称为右角。对于附合导线，可测其左角，也可测其右角，但全线要统一。对于闭合导线，可测其内角，也可测其外角，或测其内角并按逆时针方向编号，其内角均为左角，反之均为右角。角度观测采用测回法。对于图根级导线，一般用 J_6 级光学经纬仪测一个测回，盘左、盘右测得角值的较差不大于40″，取平均值作为最后结果。

3.定向

为了控制导线的方向，在导线起、止的已知控制点上，必须测定连接角，该项工作称为导线定向，或称为导线连接测量。定向的目的是确定每条导线边的方位角。

导线的定向有两种情况，一种是布设独立导线，只要用罗盘仪测定起始边的方位角，整个导线的每条边的方位角就可确定了；另一种情况是布设成与一高级控制点相连接的导线，先要测出连接角，再根据高一级控制点的方位角，推算出各边的方位角。连接角要精确测定。

三、导线测量的内业计算

导线测量外业结束后，就要进行导线内业计算，其目的就是根据已知的起始数据和外业观测成果，通过误差调整，计算出各导线点的平面坐标。

计算之前，首先要对外业观测成果进行全面检查和整理，观测数据有无遗漏，记录计算是否正确，成果是否符合限差要求，然后绘制导线略图，并把各项数据标注在略图上。具体步骤如下。

（一）在记录表中填入已知数据

将导线略图中的点号、观测角、边长、起始点坐标、起始边方位角填入记录表中。

（二）计算、调整角度闭合差及坐标增量

在实际观测中，由于误差的存在，使实测的内角和 $\sum\beta_{测}$ 不等于理论值 $\sum\beta_{理}$，两者之差称为导线的角度闭合差 f_β。

1.闭合导线计算

1）闭合差的调整

闭合导线是由折线组成的多边形，必须满足多边形内角条件和坐标条件，即从起算点开始，逐点推算各等定导线点的坐标，最后推回到起算点，由于是同一个点，故推算出的坐标应该等于该点的已知坐标。由平面几何知识可知，n 边形闭合导线的内角和的理论值应为

$$\sum\beta_{理} = (n-2)\times 180° \tag{4-27}$$

闭合导线的角度闭合差 f_β 应为

$$f_\beta = \sum\beta_{测} - \sum\beta_{理} = \sum\beta_{测} - (n-2)\times 180° \tag{4-28}$$

根据图根导线测量的限差要求，其闭合差的容许值为

$$f_{\beta容} = \pm 40''\sqrt{n}$$

式中　$f_{\beta容}$——容许角度闭合差，(″)；

　　n——闭合导线的内角个数。

若 $f_\beta > f_{\beta容}$，则说明角度闭合差超限，应返工重测；若 $f_\beta < f_{\beta容}$，则说明所测角度满足精度要求，可将角度闭合差进行调整。每个角度的改正数用 V_β 表示，则有

$$V_\beta = -\frac{f_\beta}{n} \tag{4-29}$$

式中　f_β——角度闭合差，(″)；

n——闭合导线的内角个数。

角度闭合差的调整原则是：将 f_β 反符号平均分配到各观测角中，如果不能均分，则将余数分配给短边的夹角。调整后的内角和应等于理论值 $\sum \beta_{理}$。

2）计算各边坐标方位角

从图 4-37 中可以看出，推算方位角的路线方向为：北 A—AB—BC—CD—DA—A 北，根据起始边的已知坐标方位角及调整后的各内角值，按下列公式计算各边坐标方位角。

$$\alpha_{前} = \alpha_{后} + 180° \pm \beta \tag{4-30}$$

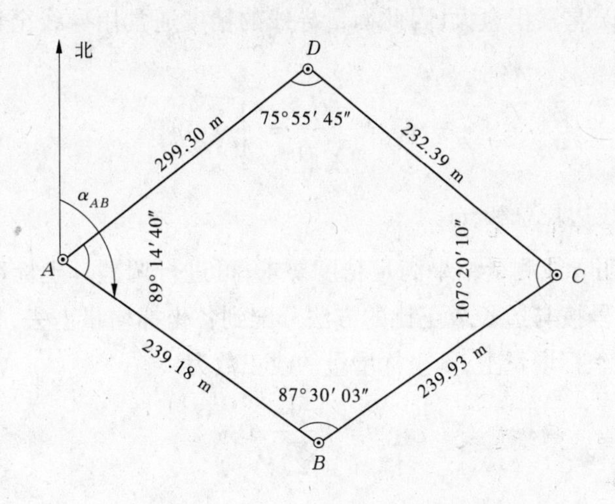

图 4-37　闭合导线略图

在计算时要注意以下几点：

（1）式（4-30）中 $\pm\beta$，若 β 是左角，则取 $+\beta$；若 β 是右角，则取 $-\beta$。

（2）计算出来的 $\alpha_{前}$，若大于 360°，应减去 360°；当小于 0°时，则加上 360°，即保证坐标方位角在 0°～360°的取值范围。

（3）起始边的坐标方位角最后推算出来，其推算值应与已知值相等，否则推算过程有错。

3）坐标增量闭合差的计算与调整

根据已推算的坐标方位角和所测的相应边的边长，可计算每一点的坐标增量，即

$$\left.\begin{aligned}\Delta x'_i &= D_i\cos\alpha_i\\ \Delta y'_i &= D_i\sin\alpha_i\end{aligned}\right\} \tag{4-31}$$

根据闭合导线的定义，闭合导线纵、横坐标增量之和的理论值应为零，即

$$\left.\begin{aligned}\sum \Delta x_i &= 0\\ \sum \Delta y_i &= 0\end{aligned}\right\} \tag{4-32}$$

实际上，测量边长的误差和角度闭合差调整后的残余误差，使纵、横坐标增量的代数和

不能等于零,则产生了纵、横坐标增量闭合差,即

$$\left.\begin{aligned} f_x &= \sum \Delta x'_{测} \\ f_y &= \sum \Delta y'_{测} \end{aligned}\right\} \tag{4-33}$$

由于坐标增量闭合差的存在,使导线不能闭合,则所差这段距离 f_D 称为导线全长闭合差。按几何关系得

$$f_D = \sqrt{f_x^2 + f_y^2} \tag{4-34}$$

顾及导线愈长,误差累积愈大,因此衡量导线的精度通常用导线全长相对闭合差来表示,即

$$K = \frac{f}{\sum D} = \frac{1}{M} \tag{4-35}$$

式中 $\sum D$——导线边长总和,m。

若 $K \leqslant K_{容}$,则说明导线测量结果满足精度要求,可进行调整。坐标增量闭合差的调整原则是:将 f_x、f_y 反符号按与边长成正比的方法分配到各坐标增量上去,将计算凑整残余的不符值分配在长边的坐标增量上,则坐标增量的改正数为

$$v_{\Delta x_i} = -\frac{f_x}{\sum D} D_i \tag{4-36}$$

$$v_{\Delta y_i} = -\frac{f_y}{\sum D} D_i \tag{4-37}$$

式中 $v_{\Delta x_i}$——第 i 边的纵坐标增量,m;

$v_{\Delta y_i}$——第 i 边的横坐标增量,m;

$\sum D$——导线边长总和,m。

为作计算校核,坐标增量改正数之和应满足下式,即

$$\sum v_{\Delta xi} = -f_x \tag{4-38}$$

$$\sum v_{\Delta yi} = -f_y \tag{4-39}$$

改正后坐标增量为

$$\Delta \hat{x}_i = \Delta x + v_{\Delta x_i} \tag{4-40}$$

$$\Delta \hat{y}_i = \Delta y + v_{\Delta y_i} \tag{4-41}$$

4)导线点坐标计算

根据起始点的已知坐标和改正后的坐标增量,即可按下列公式依次计算各导线点的坐标,即

$$x_{前} = x_{后} + \Delta x_i \tag{4-42}$$

$$y_{前} = y_{后} + \Delta y_i \tag{4-43}$$

用上式最后推算出起始点的坐标,推算值应与已知值相等,以此检核整个计算过程是否

有错。

2. 附合导线计算

附合导线的坐标计算步骤与闭合导线相同。由于两者布置形式不同,从而使角度闭合差和坐标增量闭合差的计算方法也有所不同。

1)角度闭合差的计算

由于附合导线两端方向已知,则由起始边的坐标方位角和测定的导线各转折角,就可推算出导线终边的坐标方位角。但测角带有误差,致使导线终边坐标方位角的推算值$\alpha'_{终}$不等于已知终边坐标方位角$\alpha_{终}$,其差值即为附合导线的角度闭合差f_β,即

$$f_\beta = \alpha'_{终} - \alpha_{终} = \alpha'_{始} + \sum \beta - n \times 180° - \alpha_{终} \tag{4-44}$$

式中 $\alpha'_{始}$——附合导线的起算边方位角,(°);

$\alpha_{终}$——附合导线的终边方位角,(°);

f_β——方位角闭合差,(″);

n——附合导线的折角个数。

2)坐标增量闭合差计算

附合导线各边坐标增量代数和的理论值,应等于终、始两已知点的坐标之差。若不等,其差值为坐标增量闭合差,即

$$\sum \Delta x_{理} = x_{终} - x_{始} \tag{4-45}$$

$$\sum \Delta y_{理} = y_{终} - y_{始} \tag{4-46}$$

由于推算的各边坐标增量代数和与理论值不符,二者之差即为附合导线纵、横坐标增量闭合差。

$$f_x = \sum \Delta x_{测} - \sum \Delta x_{理} = \sum \Delta x_{测} - (x_{终} - x_{始}) \tag{4-47}$$

$$f_y = \sum \Delta y_{测} - \sum \Delta y_{理} = \sum \Delta y_{测} - (y_{终} - y_{始}) \tag{4-48}$$

附合导线全长闭合差、全长相对闭合差和容许相对闭合差的计算以及坐标增量闭合差的调整与闭合导线相同。

3. 支导线计算

由于电磁波测距仪和全站仪的发展与普及,测距和测角精度大大提高,在测区内已有控制点的数量不能满足测图或施工放样的需要时,可用支导线的方法来代替交会法来加密控制点。

由于支导线既不回到原始点上,又不附合到另一个已知点上,故支导线没有检核限制条件,也就不需要计算角度闭合差和坐标增量闭合差,只要根据已知边的坐标方位角和已知点的坐标,由外业测定的转折角和转折边长,直接计算出各边方位角及各边坐标增量,最后推算出待定导线点的坐标。

【任务实现】

实例:如图4-38所示,闭合导线中,001～004的观测角值已知,各边水平距离已知,如表4-14所示。设001点初始坐标为$x_1 = 100$ m,$y_1 = 100$ m。试求点002、003、004的坐标。

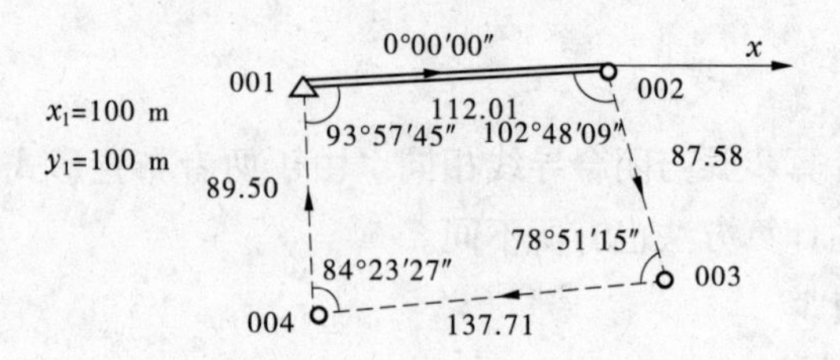

图 4-38　闭合导线平差

表 4-14　闭合导线平差原始记录表

点号	角度观测值	改正后角度	方位角	水平距离	坐标增量		改正后坐标增量		坐标	
	(°　′　″)	(°　′　″)	(°　′　″)	(m)	Δx(m)	Δy(m)	Δx′(m)	Δy′(m)	x(m)	y(m)
1									100	100
			00 00 00	112.01						
2	102 48 09									
				87.58						
3	78 51 15									
				137.71						
4	84 23 27									
				89.50						
1	93 57 45								100	100
			00 00 00							
2										
∑										

(1)计算角度闭合差

$$f_\beta = \sum\beta_{测} - \sum\beta_{理} = \sum\beta_{测} - (n-2)\times180° \tag{4-49}$$

故 $$f_\beta = \sum\beta - (n-2)\times180° = 360°00'36'' - 360° = +36''$$

(2)计算限差

$$f_{\beta允} = \pm40''\sqrt{n} \tag{4-50}$$

故 $$f_{\beta允} = \pm40''\sqrt{n} = \pm40''\times\sqrt{4} = \pm80''$$

(3)若 $|f_\beta| \leqslant |f_{\beta允}|$,则计算改正数(填入表 4-15),否则检查错误

$$v_\beta = -\frac{f_\beta}{n} \tag{4-51}$$

故 $$v_\beta = -\frac{f_\beta}{n} = -\frac{+36''}{4} = -9''$$

表 4-15　闭合导线平差改正角度记录表

点号	角度观测值 (° ′ ″)	改正后角度 (° ′ ″)	方位角 (° ′ ″)	水平距离 (m)	坐标增量 Δx(m)	坐标增量 Δy(m)	改正后坐标增量 Δx′(m)	改正后坐标增量 Δy′(m)	坐标 x(m)	坐标 y(m)
1									100	100
			00 00 00	112.01						
2	102 48 09 −9	102 48 00								
				87.58						
3	78 51 15 −9	78 51 06								
				137.71						
4	84 23 27 −9	84 23 18								
				89.50						
1	93 57 45 −9	93 57 36							100	100
			00 00 00							
2										
$\sum$	360 00 36 −36	360 00 00								

$f_\beta = \sum\beta-(n-2)\times180^\circ = 360^\circ00'36''-360^\circ=+36''$，$f_{\beta允} = \pm40''\sqrt{n} = \pm40''\times\sqrt{4} = \pm80''$

(4)利用新的角值推算各边坐标方位角，见表 4-16。

表 4-16　闭合导线平差方位角推算记录表

点号	角度观测值 (° ′ ″)	改正后角度 (° ′ ″)	方位角 (° ′ ″)	水平距离 (m)	坐标增量 Δx(m)	坐标增量 Δy(m)	改正后坐标增量 Δx′(m)	改正后坐标增量 Δy′(m)	坐标 x(m)	坐标 y(m)
1									100	100
			00 00 00	112.01						
2	102 48 09 −9	102 48 00								
			77 12 00	87.58						
3	78 51 15 −9	78 51 06								
			178 20 54	137.71						
4	84 23 27 −9	84 23 18								
			273 57 36	89.50						
1	93 57 45 −9	93 57 36							100	100
			00 00 00							
2										
$\sum$	360 00 36 −36	360 00 00		426.80						

$f_\beta = \sum\beta-(n-2)\times180^\circ = 360^\circ00'36''-360^\circ=+36''$，$f_{\beta允} = \pm40''\sqrt{n} = \pm40''\times\sqrt{4} = \pm80''$

(5)利用坐标正算公式,计算各边坐标增量,见表4-17。

表4-17　闭合导线平差坐标增量计算记录表

点号	角度观测值(° ′ ″)	改正后角度(° ′ ″)	方位角(° ′ ″)	水平距离(m)	坐标增量		改正后坐标增量		坐标	
					Δx(m)	Δy(m)	Δx′(m)	Δy′(m)	x(m)	y(m)
1									100	100
			00 00 00	112.01	112.01	0				
2	102 48 09 −9	102 48 00								
			77 12 00	87.58	19.40	85.40				
3	78 51 15 −9	78 51 06								
			178 20 54	137.71	−137.65	3.98				
4	84 23 27 −9	84 23 18								
			273 57 36	89.50	6.18	−89.29				
1	93 57 45 −9	93 57 36							100	100
			00 00 00							
2										
∑	360 00 36 −36	360 00 00		426.80	−0.06	+0.09				

$f_\beta = \sum\beta - (n-2)\times180° = 360°00'36'' - 360° = +36''$, $f_{\beta允} = \pm40''\sqrt{n} = \pm40''\times\sqrt{4} = \pm80''$

(6)计算坐标增量闭合差

$$f_x = \sum\Delta x_{测} - \sum\Delta x_{理}, f_y = \sum\Delta y_{测} - \sum\Delta y_{理}$$

则导线全长闭合差

$$f = \sqrt{f_x^2 + f_y^2}$$

(7)评定坐标精度

$$K = \frac{f}{\sum D} = \frac{1}{M}$$

(8)若 $K<1/2\,000$(图根级),则计算坐标增量改正数:

$$\left.\begin{aligned} v_{\Delta xi} &= -\frac{f_x}{\sum D}D_i \\ v_{\Delta yi} &= -\frac{f_y}{\sum D}D_i \end{aligned}\right\}$$

如:$v_{\Delta x1} = -\frac{f_x}{\sum D}D_1 = -\frac{+0.06}{426.8}\times112.01 \approx +0.02\ (\mathrm{m})$。

(9)计算改正后的角值

$$\hat{\beta} = \beta_i + v_\beta \tag{4-54}$$

闭合导线改正后的角值见表 4-18。

表 4-18　闭合导线平差坐标增量改正记录表

点号	角度观测值	改正后角度	方位角	水平距离	坐标增量		改正后坐标增量		坐标	
	(° ′ ″)	(° ′ ″)	(° ′ ″)	(m)	Δx(m)	Δy(m)	$\Delta x'$(m)	$\Delta y'$(m)	x(m)	y(m)
1									100	100
			00 00 00	112.01	112.01 0.02	0 −0.02				
2	102 48 09 −9	102 48 00								
			77 12 00	87.58	19.40 0.01	85.40 −0.02				
3	78 51 15 −9	78 51 06								
			178 20 54	137.71	−137.65 0.02	3.98 −0.03				
4	84 23 27 −9	84 23 18								
			273 57 36	89.50	6.18 0.01	−89.29 −0.02				
1	93 57 45 −9	93 57 36							100	100
			00 00 00							
2										
∑	360 00 36 −36	360 00 00		426.80	−0.06 +0.06	+0.09 −0.09				

$f_\beta = \sum \beta - (n-2) \times 180° = 360°00'36'' - 360° = +36''$，$f_{\beta允} = \pm 40''\sqrt{n} = \pm 40'' \times \sqrt{4} = \pm 80''$

$f_x = \sum \Delta x = +0.06\ \text{m}$，$f_y = \sum \Delta y = -0.09\ \text{m}$，$f_D = \sqrt{f_x^2 + f_y^2} = 0.108\ \text{m}$

$K = \dfrac{f_D}{\sum D} = \dfrac{0.108}{426.8} \approx \dfrac{1}{3\,952} < \dfrac{1}{2\,000}$，所以合格

(10)计算改正后的坐标增量。

改正后的坐标增量如下

$$\left.\begin{aligned} \Delta\hat{x}_i &= \Delta x + v_{\Delta xi} \\ \Delta\hat{y}_i &= \Delta y + v_{\Delta yi} \end{aligned}\right\}$$

如：$\Delta\hat{x}_1 = \Delta x + v_{\Delta x1} = 112.01 + 0.02 = 112.03$。

闭合导线平差改正后坐标增量记录表见表 4-19。

(11)计算坐标。

通过以上计算得计算坐标如下

$$\left.\begin{aligned} x_{i+1} &= x_i + \Delta\hat{x}_i \\ y_{i+1} &= \hat{y}_i + \Delta\hat{y}_i \end{aligned}\right\}$$

【课后自测】

表 4-20 为一闭合导线测量坐标计算表，试完成该计算表格中的内业计算。

表 4-19　闭合导线平差改正后坐标增量记录表

点号	角度观测值 (°　′　″)	改正后角度 (°　′　″)	方位角 (°　′　″)	水平距离 (m)	坐标增量		改正后坐标增量		坐标	
					Δx(m)	Δy(m)	Δx′(m)	Δy′(m)	x(m)	y(m)
1									100	100
			00　00　00	112.01	112.01 0.02	0 −0.02	112.03	−0.02		
2	102　48　09 −9	102　48　00								
			77　12　00	87.58	19.40 0.01	85.40 −0.02	19.41	85.8		
3	78　51　15 −9	78　51　06								
			178　20　54	137.71	−137.65 0.02	3.98 −0.03	−137.63	3.95		
4	84　23　27 −9	84　23　18								
			273　57　36	89.50	6.18 0.01	−89.29 −0.02	6.19	−89.31		
1	93　57　45 −9	93　57　36							100	100
			00　00　00							
2										
∑	360　00　36 −36	360　00　00		426.80	−0.06 +0.06	+0.09 −0.09				

$f_\beta = \sum\beta - (n-2)\times180° = 360°00'36'' - 360° = +36''$，$f_{\beta允} = \pm40''\sqrt{n} = \pm40''\times\sqrt{4} = \pm80''$

$f_x = \sum\Delta x = +0.06\ \text{m}$，$f_y = \sum\Delta y = -0.09\ \text{m}$，$f_D = \sqrt{f_x^2 + f_y^2} = 0.108\ \text{m}$

$K = \dfrac{f_D}{\sum D} = \dfrac{0.108}{426.8} \approx \dfrac{1}{3\ 952} < \dfrac{1}{2\ 000}$，所以合格

表 4-20　闭合导线计算

点号	角度观测值 (°　′　″)	改正后角度 (°　′　″)	方位角 (°　′　″)	水平距离 (m)	坐标增量		改正后坐标增量		坐标	
					Δx(m)	Δy(m)	Δx′(m)	Δy′(m)	x(m)	y(m)
1	89　15　00								500	500
			133　47　00	299.33						
2	75　56　00									
				232.38						
3	107　20　00									
				239.89						
4	87　30　00									
				239.18						
1										
∑										

任务五　GPS 测量的设计与实施

【任务描述】

GPS 是随着现代科学技术的迅速发展而建立起来的精密卫星导航定位系统。由于 GPS 定位技术的不断改进和完善，其测绘精度、测绘速度和经济效益都大大优于目前的常规控制测量技术，利用 GPS 定位技术可以加强和改造已有的城市控制网，或在测区直接布设控制网，因此 GPS 定位技术可作为控制测量的一个重要手段。

【任务解析】

利用 GPS 静态定位技术，可以进行更高等级的布网，包括外业操作和数据解算等工作，大大提高了控制测量的速度和精度。

【相关知识】

与常规测量相类似，GPS 测量外业可分为外业准备、外业实施和外业总结三个阶段。外业准备阶段的主要内容是根据测量任务的性质和技术要求，编写技术设计书，进行踏勘、选点，制订外业实施计划；外业实施阶段主要包括外业的观测和记录以及有关的后勤管理；外业结束阶段主要内容为观测数据和其他资料的检查、整理和上交，对不合格的数据或资料进行重测或作废。

一、GPS 控制网的技术设计

技术设计是根据测量任务书提出的任务范围、目的、精度和密度的要求以及完成任务的期限与经济指标，结合测区的自然地理条件，依据测量规范的有关技术条款，选择适宜的 GPS 接收机，设计出最佳的 GPS 卫星定位网形，提出观测纲要和实施计划。编写技术设计是建网的技术依据。

（一）GPS 测量精度指标

由于精度指标的大小将直接影响 GPS 网的布设方案及 GPS 作业模式，因此在实际设计中应根据用户的实际需要及设备条件确定。控制网可以分级布设，也可以越级布设或布设同级全面网。

（二）网形设计

常规测量中，控制网的图形设计是一项重要的工作。而在 GPS 测量时，由于不要求测站点间通视，因此其图形设计具有较大的灵活性。网的图形设计主要取决于用户的要求，经费、时间和人力物力的消耗以及所需设备的类型、数量和后勤保证条件等，也都与网的设计有关。根据用途不同，GPS 网的基本构网方式有点连式、边连式、网连式和边点混合连接四种。

（1）点连式，如图 4-39（a）所示，是相邻的同步图形（即多台接收机同步观测卫星所获基线构成的闭合图形，又称为同步环）之间仅用一个公共点连接。这种方式所构成的图形几何强度很弱，一般不单独使用。

(2)边连式,如图4-39(b)所示,是指相邻同步图形之间由一条公共基线连接。这种布网方案中,复测的边数较多,网的几何强度较高。非同步图形的观测基线可以组成异步观测环,异步观测环常用于检查观测成果的质量。所以边连式的可靠性优于点连式。

(3)网连式,是指相邻同步图形之间由两个以上的公共点连接。这种方法要求4台以上的接收机同步观测。它的几何强度和可靠性更高,但所需的经费和时间也更多,一般仅用于较高精度的控制测量。

(4)边点混合连接,是指将点连式和边连式有机地结合起来组成GPS网。如图4-39(c)所示,它是在点连式基础上加测4个线段,把边连式与点连式结合起来得到的。这种方式既能保证网的几何强度,提高网的可靠性,又能减少外业工作量,降低成本,因而是一种较为理想的布设方法。

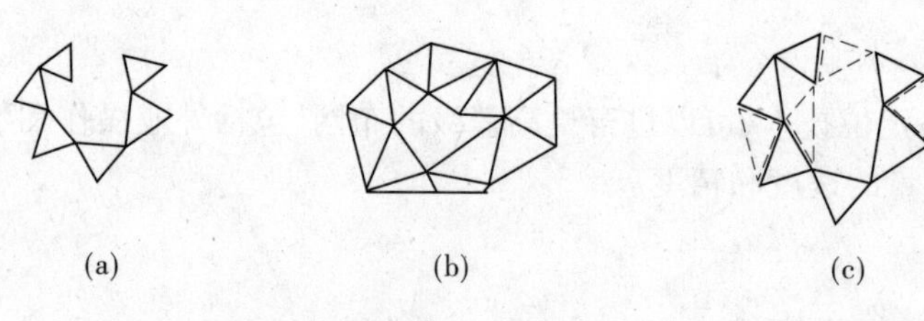

图4-39　GPS网

对于低等级的GPS测量或碎部测量,也可采用星状网,优点是观测中通常只需要2台GPS接收机,作业简单。

进行网形设计时,需注意以下几点:

(1)GPS网中不应存在自由基线。所谓自由基线,是指不构成闭合图形的基线,由于自由基线不具备发现粗差的能力,因而必须避免出现,也就是GPS网一般应通过独立基线构成闭合图形。

(2)GPS网的闭合条件中基线数不可过多。网中各点最好有3条或更多基线分支,以保证检核条件,提高网的可靠性,使网的精度、可靠性较均匀。

(3)GPS网应以"每个点至少独立设站观测两次"的原则布网。这样不同接收机所测量构成的网的精度和可靠性指标比较接近。

(4)为了实现GPS网与地面网之间的坐标转换,GPS网至少应与地面网有2个重合点。研究和实践表明,应有3~5个精度较高、分布均匀的地面点作为GPS网的一部分,以便GPS成果较好地转换至地面网中。同时,应与相当数量的地面水准点重合,以提供大地水准面的研究资料,实现GPS大地高向正常高的转换。

(5)为了便于观测,GPS点应选择在交通便利、视野开阔、容易到达的地方。尽管GPS网的观测不需要考虑通视的问题,但是为了便于用经典方法扩展,至少应与网中另一点通视。

GPS控制网布设的问题就是怎样将各同步环有机地连成一个整体,构成一定数量的同步观测环和异步观测环,也可采用线路形式,以较好地满足精度、可靠性、经费和后勤等限制条件。

二、选点与建立标志

(1)点位的选择应符合技术设计要求,并有利于用其他测量手段进行扩展与联测。

(2)点位的基础应坚实稳定,易于长期保存,并应有利于安全作业。

(3)点位应便于安置接收设备和操作,视野应开阔,被测卫星的地平高度角应大于15°。

(4)点位应远离大功率无线电发射源(如电视台、微波站等),其距离不得小于200 m,并应远离高压输电线,其距离不得小于50 m。

(5)不应有强烈干扰接收卫星信号的物体。

(6)交通应便于作业。

(7)应充分利用符合上述要求的旧有控制点及其标石和觇标。

【任务实现】

一、外业观测

(一)天线安置

天线的相位中心是GPS测量的基准点,所以妥善安置天线是实现精密定位的重要条件之一。天线安置的内容包括对中、整平、定向和量测天线高。

(二)观测作业

观测作业的主要任务是捕获GPS卫星信号并对其进行跟踪、接收和处理,以获取所需要的定位信息和观测数据,见图4-40。

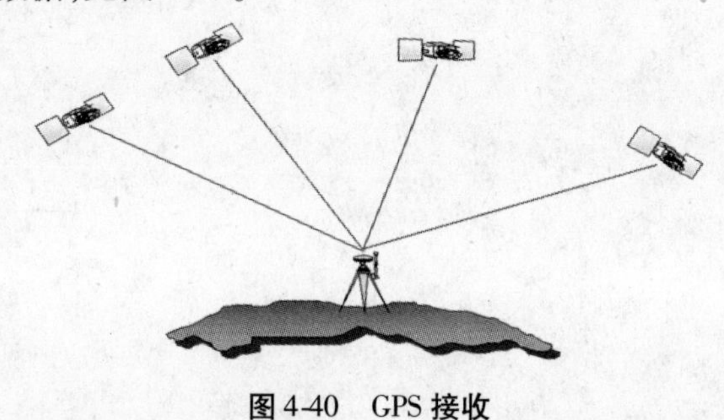

图4-40 GPS接收

事实上,GPS接收机的自动化程度很高,一般仅需按若干功能键,即可顺利地完成测量工作。

观测记录的形式一般有两种。一种是接收机自动形成,并保存在接收机存储器中供随时调用和处理;另一种是需要记录在测量手簿上。

二、成果检核与数据处理

GPS测量外业结束后,必须对采集的数据进行处理,以求得观测基线和观测点位的成果,同时进行质量检核,以获得可靠的最终定位成果。数据处理用专业软件进行,不同的接收机以及不同的作业模式配置各自的数据处理软件。

对于2台及2台以上接收机同步观测值进行独立基线向量(坐标差)的平差计算叫基线解算,有的也叫观测数据预处理。

预处理的主要目的是对原始数据进行编辑、加工整理、分流并产生各种专用信息文件,为进一步平差计算做准备。它的基本内容是:

(1)数据传输:将GPS接收机记录的观测数据传输到磁盘或其他介质上。

(2)数据分流:从原始记录中,通过解码将各种数据分类整理,剔除无效观测值和冗余信息,形成各种数据文件,如星历文件、观测文件和测站信息文件等。

(3)统一数据文件格式:将不同类型接收机的数据记录格式、项目和采样间隔,统一为标准化的文件格式,以便统一处理。

(4)卫星轨道的标准化:采用多项式拟合法,平滑 GPS 卫星每小时发送的轨道参数,使观测时段的卫星轨道标准化。

(5)探测周跳、修复载波相位观测值。

(6)对观测值进行必要改正,在 GPS 观测值中加入对流层改正,在单频接收的观测值中加入电离层改正。

【课后自测】

(1)GPS 定位技术有哪些优势?

(2)试述 GPS 定位技术实施步骤。

(3)试述 GPS 定位技术外业实施注意事项。

第五章　全野外数字测量作业

学习目标

➢ 掌握地形图的基本知识；
➢ 掌握全野外数字化工作流程；
➢ 能熟练操作全站仪；
➢ 会进行地物特征点的选取。

任务一　全站型电子速测仪的使用

【任务描述】

全站仪即全站型电子速测仪(Total station electronic tacheometer),是一种集光、机、电为一体的高技术测量仪器,是集水平角、竖直角、距离(斜距、平距)、高差测量功能于一体的测绘仪器系统。因其一次安置仪器就可完成该测站上全部测量工作,所以称为全站仪。广泛用于地上大型建筑和地下隧道施工等精密工程测量或变形监测领域,是数字测量必备的硬件系统。

【相关知识】

全站仪与光学经纬仪的区别在于度盘读数及显示系统不同,全站仪的水平度盘和竖直度盘及其读数装置是分别采用两个相同的光栅度盘(或编码盘)和读数传感器进行角度测量的。根据测角精度可分为0.5″、1″、2″、3″、5″、10″等几个等级。

全站仪几乎可以用在所有的测量领域。电子全站仪由电源部分、测角系统、测距系统、数据处理部分、通信接口及显示屏、键盘等组成。

同电子经纬仪、光学经纬仪相比,全站仪增加了许多特殊部件,因而使得全站仪具有比其他测角、测距仪器更多的功能,使用也更方便。这些特殊部件构成了全站仪在结构方面独树一帜的特点。

全站仪具有角度测量、距离(斜距、平距、高差)测量、三维坐标测量、导线测量、交会定点测量和放样测量等多种用途。内置专用软件后,功能还可进一步拓展。

一、仪器设备构造

(一)部件名称

全站仪各部件的名称及构造见图5-1。

(二)仪器开箱和存放

开箱:轻轻地放下箱子,让其盖朝上,打开箱子的锁栓,开箱盖,取出仪器。

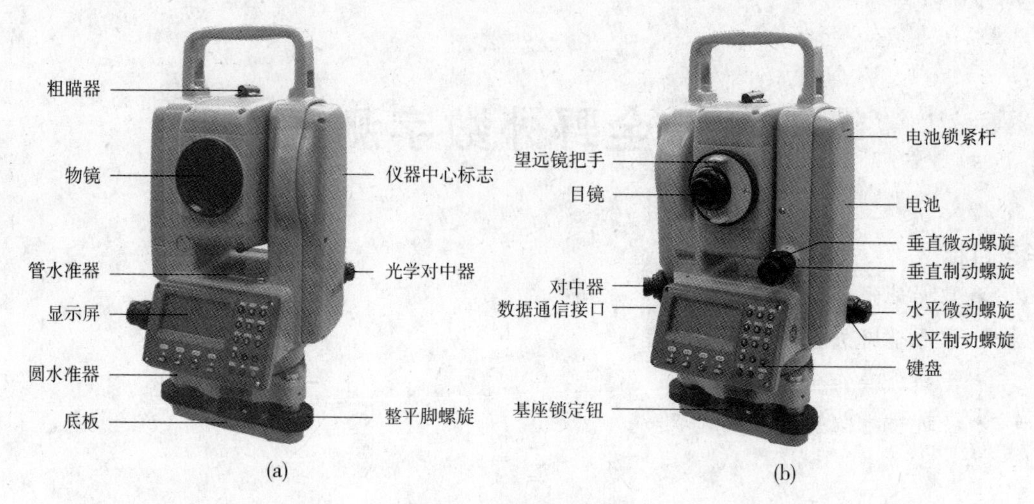

图 5-1　全站仪的构造

存放：盖好望远镜镜盖，使照准部的垂直制动螺旋和基座的圆水准器朝上，将仪器平卧（望远镜物镜端朝下）放入箱中，轻轻旋紧垂直制动螺旋，盖好箱盖并关上锁栓。

（三）安置仪器

将仪器安装在三脚架上，精确整平和对中，以保证测量成果的精度，应使用专用的中心连接螺旋三脚架。

仪器的整平与对中过程如下：

（1）安置三脚架。将三脚架打开，伸到适当高度，拧紧三个固定螺旋。

（2）将仪器安置到三脚架上。将仪器小心地安置到三脚架上，松开中心连接螺旋，在架头上轻移仪器，直到垂球对准测站点标志中心，然后轻轻拧紧连接螺旋。

（3）利用圆水准器粗平仪器。

①旋转两个脚螺旋 A、B，使圆水准器气泡移到与上述两个脚螺旋中心连线相垂直的一条直线上。

②旋转脚螺旋 C，使圆水准器气泡居中。

（4）利用管水准器精平仪器。

①松开水平制动螺旋，转动仪器使管水准器平行于某一对脚螺旋 A、B 的连线。再旋转脚螺旋 A、B，使管水准器气泡居中。

②将仪器绕竖轴旋转 90°（100 g），再旋转另一个脚螺旋 C，使管水准器气泡居中。

③再次旋转 90°，重复步骤①、②，直至 4 个位置上气泡居中。

（5）利用光学对中器对中。根据观测者的视力调节光学对中器望远镜的目镜。松开中心连接螺旋、轻移仪器，将光学对中器的中心标志对准测站点，然后拧紧连接螺旋。在轻移仪器时不要让仪器在架头上有转动，以尽可能减少气泡的偏移。

（6）精平仪器。按第（4）步精确整平仪器，直到仪器旋转到任何位置时，管水准器气泡始终居中，然后拧紧连接螺旋。

（四）电池的信息和充电

1. 电池信息

电池信息在图 5-2 中显示，不同的显示图形的含义如下：

☰——电量充足，可操作使用。

〓——刚出现此信息时，电池尚可使用 1 h 左右；若不掌握已消耗的时间，则应准备好备用的电池或充电后再使用。

一——电量已经不多，尽快结束操作，更换电池并充电。

一闪烁到消失——从闪烁到缺电关机大约可持续几分钟，电池已无电，应立即更换电池并充电。

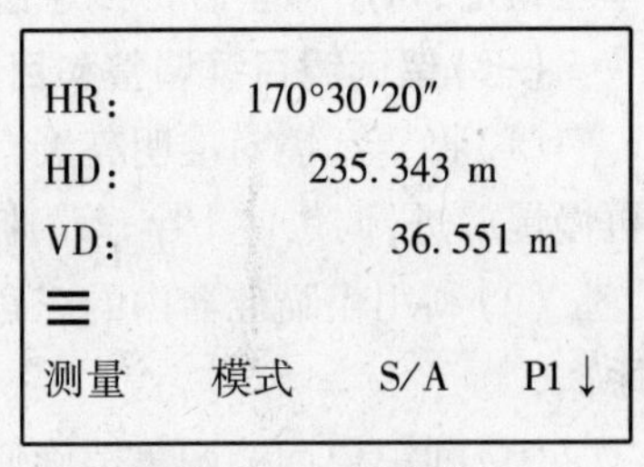

图 5-2　电池信息

2. 电池充电

取下电池盒时，按下电池盒底部插入仪器的槽中，按压电池盒顶部按钮，使其卡入仪器中固定归位。

（五）反射棱镜

全站仪在进行距离测量等作业时，须在目标处放置反射棱镜。反射棱镜有单（三）棱镜组，可通过基座连接器将棱镜组连接在基座上安置到三脚架上，也可直接安置在对中杆上。棱镜组由用户根据作业需要自行配置。

南方测绘仪器公司生产的棱镜组如图 5-3 所示。

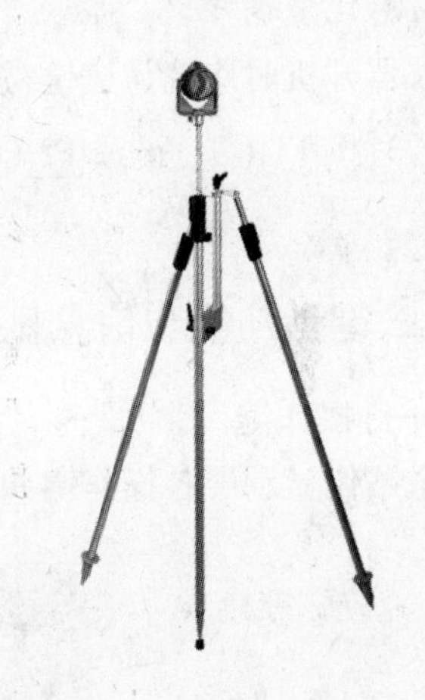

图 5-3　棱镜组

（六）基座的装卸

1. 拆卸

基座的构造见图 5-4。如有需要，三角基座可从仪器（含采用相同基座的反射棱镜基座连接器）上卸下，先用螺丝刀松开基座锁定钮固定螺丝，然后逆时针转动锁定钮约 180°，即可使仪器与基座分离。

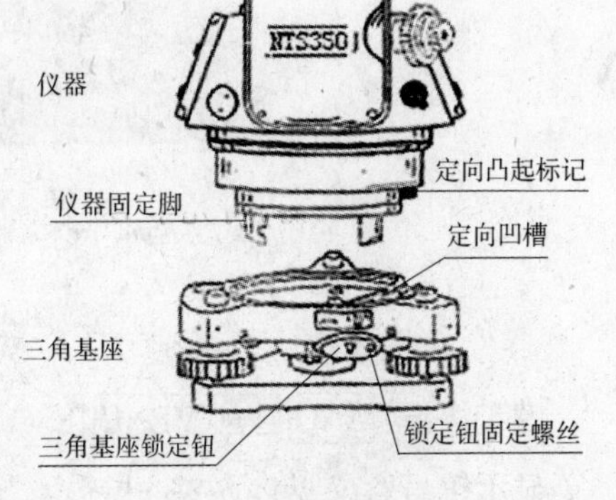

图 5-4　基座的构造

2. 安装

将仪器的定向凸出标记与基座定向凹槽对齐，把仪器上的三个固定脚对应放入基座的孔中，使仪器装在三角基座上，顺时针转动锁定钮约 180°，使仪器与基座锁定，再用螺丝刀将锁定钮固定螺丝旋紧。

（七）望远镜目镜调整和目标照准

（1）将望远镜对准明亮天空，旋转目镜筒，调焦看清十字丝（先朝自己方向旋转目镜筒，再慢慢旋进，调焦使十字丝清晰）；

（2）利用粗瞄准器内的三角形标志的顶尖瞄准目标点，眼睛与瞄准器之间应保留一定距离；

（3）利用望远镜调焦螺旋使目标成像清晰。

当眼睛在目镜端上下或左右移动发现有视差时，说明调焦或目镜屈光度未调好，这将影响观测的精度，应仔细调焦并调节目镜筒消除视差。

（八）打开和关闭电源

1. 开机

（1）确认仪器已经整平。

（2）打开电源开关（POWER 键）。

确认显示窗中有足够的电池电量，当显示“电池电量不足”（电池用完）时，应及时更换电池或对电池进行充电。

2. 对比度调节

仪器开机时应确认棱镜常数值（PSM）和大气改正值（PPM）。

通过按[F1]（↓）键或[F2]（↑）键可调节对比度，为了在关机后保存设置值，可按[F4]（回车）键。

二、键盘功能与信息显示

（一）操作键

全站仪显示屏各操作键如图 5-5 所示。

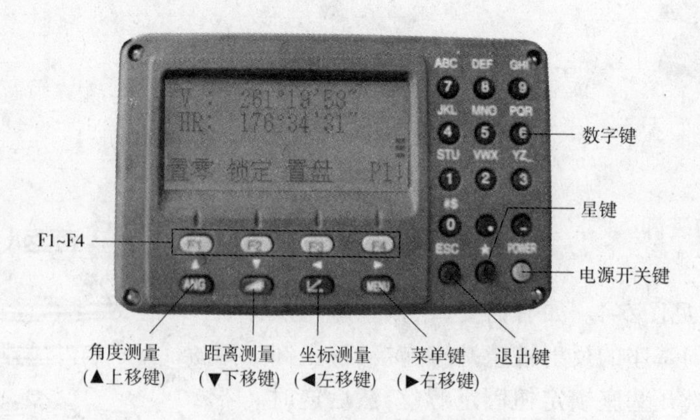

图 5-5 全站仪的显示屏

键盘按键：[ANG] [◢] [MENU] [ESC] [POWER] [F1] ~ [F4] [0] ~ [9]。键盘按键说明见表 5-1，屏幕显示符号含义见表 5-2。

表 5-1　键盘按键说明

按键	名称	功能
ANG	角度测量键	进入角度测量模式(▲上移键)
◢	距离测量键	进入距离测量模式(▼下移键)
▣	坐标测量键	进入坐标测量模式(◀左移键)
MENU	菜单键	进入菜单模式(▶右移键)
ESC	退出键	返回上一级状态或返回测量模式
POWER	电源开关键	电源开关
F1 ~ F4	软键(功能键)	对应于显示的软键信息
0 ~ 9	数字键	输入数字和字母、小数点、负号
★	星键	进入星键模式

表 5-2　显示屏符号含义

显示符号	内容	显示符号	内容
V%	竖直角(坡度显示)	E	东向坐标
HR	水平角(右角)	Z	高程
HL	水平角(左角)	*	EDM(电子测距)正在进行
HD	水平距离	m	以 m 为单位
VD	高差	ft	以 ft 为单位
SD	倾斜	fi	以 ft 与 in 为单位
N	北向坐标		

(二)功能键

(1)角度测量模式(三个界面菜单)如图 5-6 所示。角度测量键位功能见表 5-3。

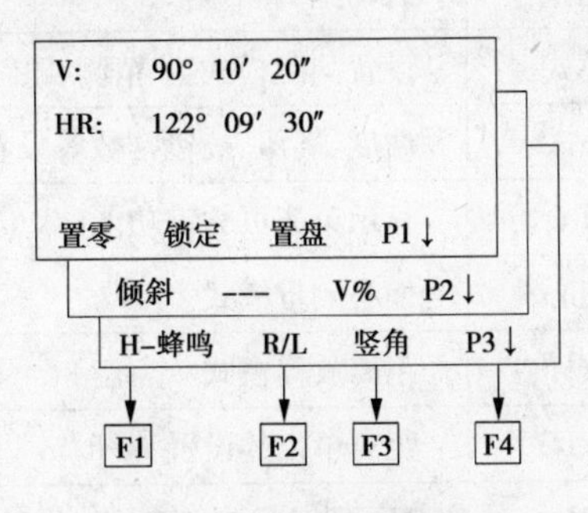

图 5-6　角度测量模式

表 5-3　角度测量键位功能

页数	软键	显示符号	功能
第 1 页（P1）	F1	置零	水平角置为 0°0′0″
	F2	锁定	水平角读数锁定
	F3	置盘	通过键盘输入数字设置水平角
	F4	P1↓	显示第 2 页软键功能
第 2 页（P2）	F1	倾斜	设置倾斜改正为开或关，若选择开，则显示倾斜改正
	F2	---	------------------------------------
	F3	V%	竖直角与百分比坡度的切换
	F4	P2↓	显示第 3 页软键功能
第 3 页（P3）	F1	H－蜂鸣	仪器转动至水平角 0°、90°、180°、270°是否蜂鸣的设置
	F2	R/L	水平角右/左计数方向的转换
	F3	竖角	竖直角显示格式（高度角/天顶距）的切换
	F4	P3↓	显示第 1 页软键功能

（2）距离测量模式（两个界面菜单）如图 5-7 所示。距离测量键位功能见表 5-4。

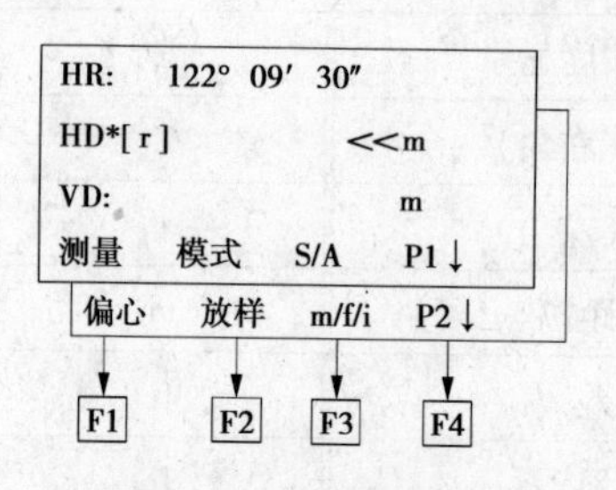

图 5-7　距离测量模式

表 5-4　距离测量键位功能

页数	软键	显示符号	功能
第 1 页（P1）	F1	测量	启动距离测量
	F2	模式	设置测距模式为 精测/跟踪/---
	F3	S/A	温度、气压、棱镜常数等设置
	F4	P1↓	显示第 2 页软键功能
第 2 页（P2）	F1	偏心	偏心测量模式
	F2	放样	距离放样模式
	F3	m/f/i	距离单位的设置 m/ft/in
	F4	P2↓	显示第 1 页软键功能

(3)坐标测量模式(三个界面菜单)如图 5-8 所示。坐标测量键位功能见表 5-5。

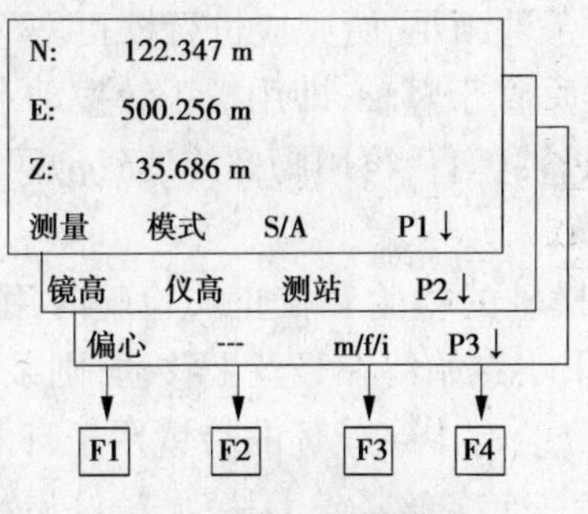

图 5-8 坐标测量模式

表 5-5 坐标测量键位功能

页数	软键	显示符号	功能
第 1 页(P1)	F1	测量	启动测量
	F2	模式	设置测距模式为 精测/跟踪
	F3	S/A	温度、气压、棱镜常数等设置
	F4	P1↓	显示第 2 页软键功能
第 2 页(P2)	F1	镜高	设置棱镜高度
	F2	仪高	设置仪器高度
	F3	测站	设置测站坐标
	F4	P2↓	显示第 3 页软键功能
第 3 页(P3)	F1	偏心	偏心测量模式
	F2	---	-------------------
	F3	m/f/i	距离单位的设置 m/ft/in
	F4	P3↓	显示第 1 页软键功能

(4)星键模式。按下星键可以对以下项目进行设置:

①对比度调节。按星键后,通过按[▲]键或[▼]键,可以调节液晶显示对比度。

②照明。按星键后,通过按F1键选择"照明",按F1键或F2键选择开关背景光。

③倾斜。按星键后,通过按F2键选择"倾斜",按F1键或F2键选择开关倾斜改正。

④S/A。按星键后,通过按F4键选择"S /A",可以对棱镜常数和温度、气压进行设置,并且可以查看回光信号的强弱。

【拓展提高】

一、全站仪的检验与校正

(1)照准部水准轴应垂直于竖轴的检验和校正。检验时,先将仪器大致整平,转动照准部使其水准管与任意两个脚螺旋的连线平行,调整脚螺旋使气泡居中,然后将照准部旋转180°,若气泡仍然居中,则说明条件满足,否则应进行校正。

校正的目的是使水准管轴垂直于竖轴,即用校正针拨动水准管一端的校正螺钉,使气泡向正中间位置退回一半,为使竖轴竖直,再用脚螺旋使气泡居中即可。此项检验与校正必须反复进行,直到满足条件。

(2)十字丝竖丝应垂直于横轴的检验和校正。检验时用十字丝竖丝瞄准一清晰小点,使望远镜绕横轴上下转动,如果小点始终在竖丝上移动,则条件满足,否则需要进行校正。

校正时松开4个压环螺钉(装有十字丝环的目镜用压环和4个压环螺钉与望远镜筒相连接),转动目镜筒使小点始终在十字丝竖丝上移动,校好后将压环螺钉旋紧。

(3)视准轴应垂直于横轴的检验和校正。选择一水平位置的目标,盘左盘右观测,取它们的读数(顾及常数180°)即得两倍的$C(C=(\alpha_{左}-\alpha_{右})/2)$。

(4)横轴应垂直于竖轴的检验和校正。选择在较高墙壁近处安置仪器。以盘左位置瞄准墙壁高处一点p(仰角最好大于30°),放平望远镜在墙上定出一点m_1。倒转望远镜,盘右再瞄准p点,再放平望远镜在墙上定出另一点m_2。如果m_1与m_2重合,则条件满足,否则需要校正。校正时,瞄准m_1、m_2的中点m,固定照准部,向上转动望远镜,此时十字丝交点将不对准p点。抬高或降低横轴的一端,使十字丝的交点对准p点。此项检验也要反复进行,直到条件满足。

以上4项检验校正,以(1)、(3)、(4)项最为重要,在观测期间最好经常进行。每项检验完毕后必须旋紧有关的校正螺钉。

二、全站仪的革新

随着计算机技术的不断发展与应用以及用户的特殊要求与其他工业技术的应用,全站仪出现了一个新的发展时期,出现了带内存、防水型、防爆型、电脑型的全站仪。

目前,世界上最高精度的全站仪:测角精度(一测回方向标准偏差)为0.52,测距精度为$1\ \mathrm{mm}+1\times10^{-6}D$。利用ATR功能,白天和黑夜(无需照明)都可以工作。全站仪已经达到令人不可致信的角度测量精度和距离测量精度,既可人工操作也可自动操作,既可远距离遥控运行也可在机载应用程序控制下使用,可使用在精密工程测量、变形监测、几乎是无容许限差的机械引导控制等应用领域。

全站仪这一常规的测量仪器将越来越满足各项测绘工作的需求,发挥更大的作用。

全站仪的测角系统与传统光学经纬仪测角系统相比较,主要有两个方面的不同:

(1)传统的光学度盘被绝对编码度盘或光电增量编码器所代替,用电子细分系统代替了传统的光学测微器。

(2)由传统的观测者判读观测值及手工记录变为观测者直接读数并自动记录。

全站仪的测距系统与一般测距仪基本一致,只是体积更小,通常采用半导体砷化镓发光二极管作为光源。不同厂家生产的不同类型及系列的全站仪,其最大测程和距离测量误差均有较大变化。

全站仪的记录系统又称为电子数据记录器,它是一种存储测量资料的,具有特定软件的硬件设备。数据记录器也有许多类型,但基本功能都一样,起着全站仪与电子计算机之间的桥梁作用,它使野外记录工作实现了自动化,减少了记录计算的差错,大大地提高了野外作业的效率。目前,全站仪记录系统主要有三种形式:接口式、磁卡式和内存式。

三、免棱镜全站仪的特点

(一)免棱镜测量技术原理及其适用范围

免棱镜测量技术是基于相位法原理的。全站仪发出的激光束极为微小,它可精确地打到目标上,保证精度较高的距离测量。与有棱镜测量相比较,其优点是只要测点的反射介质满足免棱镜测量的条件,就不需要在测量点位上置放棱镜,即可精确地测定该点的三维坐标。使用柯达灰度标准卡,其半径可达180 m,它具有可见的红色激光斑以及微小的光束直径。为了达到较高的标准和基于考虑测量人员的身体安全,采用最安全的一级激光,确保免棱镜测量胜任于任何测量工作,这对于测量人员提高作业效率来说是非常有利的。

(二)免棱镜测量技术特点

(1)免棱镜测量技术适用于测量反射面裸露的测点高程,如岩石、公路、旱地等的地形、地物点高程。

(2)免棱镜测量适用于视线没有任何障碍的地形地物测量,若中间有障碍物,则测量出的是障碍物的坐标、高程。在测量测距范围之内500 m处的地物点时,若在300 m处的地方有高树的树叶或树枝正好挡住视线,测到的将是300 m处的树叶或树枝的坐标、高程。

(3)注意不要将激光束射向似镜式表面,如汽车倒车镜与公路拐弯凸镜等。

(4)施测过程中不要长时间通过目镜观测反射地物,避免阳光直射仪器镜头,以免眼睛受伤。

(5)免棱镜测量适用于人员难以到达、反射介质好的地形地物测量,如悬崖、房屋、陡坎、独立方位物和有化学毒素的地物等。

(6)免棱镜测量适用于通视条件好、反射介质好的地方,在被照射介质较暗、吸光性太强的地表流水等反射条件不好的地方不宜使用免棱镜测量。

(7)免棱镜全站仪对于控制测量、地形测量和工程测量都具有重要作用,例如对于人们无法攀登的悬崖陡壁的地形测量、地下大型工程的断面测量、建筑物的变形测量等,采用免棱镜全站仪测量可以大大节约时间,提高劳动效率。尤其是用边角后方交会的方法在地下工程中布设临时控制点,可以将控制点布设在洞壁上,避免了掌子头放样控制点的破坏。用边角后方布设控制点放样可大大提高掌子面的放样速度,明显提高生产效率。

(8)免棱镜测量要耗费较多的电源,在野外作业时要带上充足的电源,必要时配置外挂电源。

(9)实现了单人操作测量,节省了时间并降低了外业人员劳动强度,同时对提高外业工作人员的安全也产生了积极的影响。

四、超站仪

超站仪是新一代的测量仪器产品,是将电子全站仪(TPS)和全球定位系统(GPS)集成的超站式集成测绘系统,既有全球定位系统的功能,又有全站仪的功能,是一种超级全站仪或超级全球定位系统。产品详细信息如下。

(一)技术特点

(1)全站仪与GPS组成超站仪, 功能超群,可分可合。

(2)无需做静态三角控制测量,无需做导线测量,超站仪即可从 GPS 获取绝对坐标,得出已知点坐标。

(3)在最适合的地方设站,可解决定向、未知点坐标等问题。

(4)免棱镜测量,所测即所得。

(5)超站仪除显示 GPS 坐标外,还内装了测图软件和工程软件,可直接成图和做各类工程测量。

(二)全站仪技术指标

精度:测角精度为2″,测距精度为 $2\ mm + 2 \times 10^{-6}D$。

测程:棱镜 5 km,免棱镜 300 m。

(三)GPS 精度指标

静态平面精度: $\pm 3\ mm + 1 \times 10^{-6}D$。

静态高程精度: $\pm 5\ mm + 1 \times 10^{-6}D$。

RTK 平面精度: $\pm 1\ cm + 1 \times 10^{-6}D$。

RTK 高程精度: $\pm 2\ cm + 1 \times 10^{-6}D$。

【课后自测】

(1)国内外主流全站仪有哪些?

(2)免棱镜全站仪的特点是什么?

(3)练习使用全站仪。

任务二　大比例尺数字测量的野外数据采集

【任务描述】

数字测量通常分为野外数据采集和内业数据处理、绘图两部分。野外数据采集通常利用全站仪或 GPS - RTK 等测量设备直接测定地形点的位置,并记录其连接关系及属性,为内业成图提供必要的信息,它是数字测量的基础工作,直接影响成图质量与效率。

【相关知识】

一、地形图基本知识

(一)地形图比例尺

(1)定义:地形图上任一线段距离与地面上相应线段的实际水平距离之比,称为地形图的比例尺。

(2)表示方法:分数字比例尺(如1∶500、1∶1 000 等)和图示比例尺(见图 5-9)。

(3)分类:大比例尺、中比例尺、小比例尺。

(4)比例尺的选用。在城市和工程设计、规划、施工中,需要用到的比例尺如表 5-6 所示。

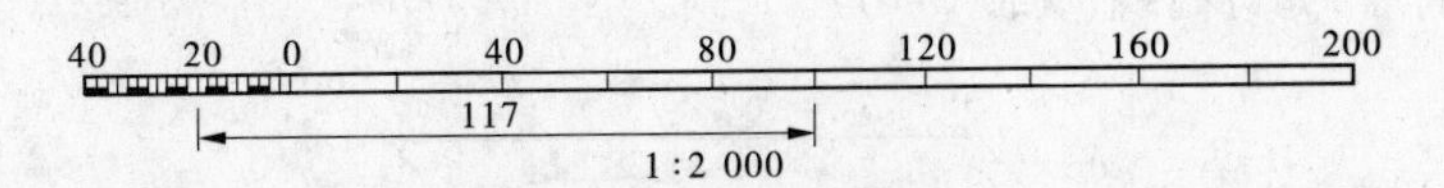

图 5-9　图示比例尺

表 5-6　地形图比例尺的选择

比例尺	用途
1:500	建筑设计、城市详细规划、工程施工设计、竣工图
1:1 000	
1:2 000	城市详细规划及城市项目初步设计
1:5 000	城市总体规划、厂址选择、区域布置、方案比较
1:10 000	

(二)比例尺精度

1. 定义

人的肉眼能分辨的图上最小距离是 0.1 mm,因此常把图上 0.1 mm 的长度所表示的实际水平距离称为比例尺精度。根据比例尺精度,可以确定在测图时量距应准确到什么程度。

2. 举例

例如:测绘 1:1 000 比例尺地形图时,其比例尺的精度为 0.1 m,故量距的精度只需 0.1 m,小于 0.1 m 在图上表示不出来。另外,当设计规定需在图上能量出的实地最短长度时,根据比例尺的精度,可以确定测图比例尺。比例尺越大,表示地物和地貌的情况越详细,精度越高。但是必须指出的是,同一测区,采用较大比例尺测图往往比采用较小比例尺测图的工作量和投资增加数倍,因此采用哪一种比例尺测图,应从工程规划、施工实际需要的精度出发,不应盲目追求更大比例尺的地形图。几种常用地形图比例尺的精度见表 5-7。

表 5-7　几种常用地形图比例尺的精度

比例尺	1:500	1:1 000	1:2 000	1:5 000	1:10 000
比例尺精度(m)	0.05	0.1	0.2	0.5	1.0

3. 意义

(1)确定了比例尺,就确定了测图的详细程度。

(2)确定了详细程度,就确定了测图比例尺。

(三)地形图符号

(1)地物符号,见表 5-8。

表 5-8　几种地物符号

依比例符号	不依比例符号	半依比例符号
	旗杆	围墙 土围墙

(2)地貌符号,如等高线(见图5-10)。

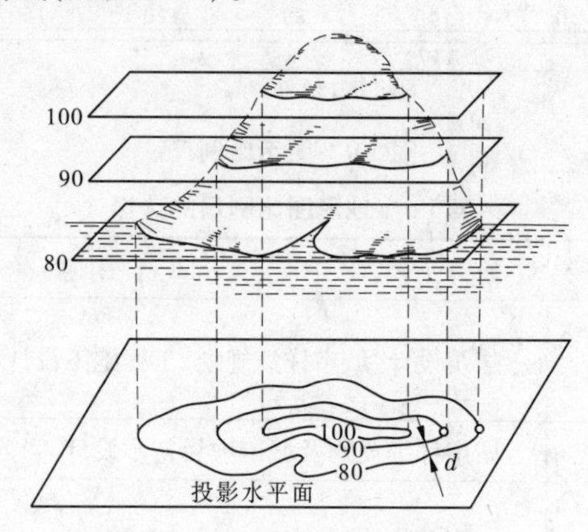

图5-10　等高线的概念

①等高线:地形图上高程相等的各点所连成的闭合曲线。

②等高距:相邻等高线之间的高差。

③等高线平距:相邻等高线之间的水平距离。

注:在同一张地图上,等高线间隔是相等的,但等高线平距不等。等高线平距越大,说明该区域地形越平缓;等高线平距越小,说明地形越陡峭。

(3)等高线的特性。

①在同一条等高线上,各点的高程均相等。

②因为等高线是不同高程的水平面与实际地面的交线,所以等高线是闭合曲线(不一定在一幅图内闭合)。

③不同高程的等高线不相交也不重合。只有在陡坡或悬崖处才会出现重叠或相交,而这又往往用特殊地貌符号表示。

④在同一幅地形图上,等高线多,山就高;等高线少,山就低。若是洼地,则相反,等高线多,洼地就深;等高线少,洼地就浅。所以根据等高线的多少能判断出山地的高低和洼地的深浅。

⑤在相同等高距下,等高线越密,斜坡越陡峭。两条等高线间距最短的方向,是最大坡度的方向,这个方向就是水流的方向,根据等高线的疏密,可以判断坡度的缓陡。

⑥等高线与分水线或集水线垂直相交。在与分水线垂直相交时,向分水线降低的方向凸出;在与集水线垂直相交时,则向集水线升高的方向凸出。

(4)几种典型地貌的表示方法见图5-11。

控制测量工作结束后,就可根据图根控制点测定地物、地貌特征点的平面位置和高程,进而按照规定的比例尺和符号将地物与地貌缩绘成地形图。

在图上不仅表示出房屋、道路、河流等一系列地物的平面位置,又用等高线和规定符号等表示出地面上各种高低起伏的地貌形态特征的图,称为地形图。在国民经济建设和国防建设的各项工程规划、设计阶段,均需要地形图提供有关工程建设地区的自然地形结构和环境条件等资料,以便使规划、设计符合实际情况。因此,地形图是制定规划、进行工程建设、建立GIS的重要依据和基础材料。在地形图上不仅可以全面了解整个地区的地形情况,而且可以得到方向、距离、角度和高程数据。在大比例尺地形图测量中,地形点选择的好坏优

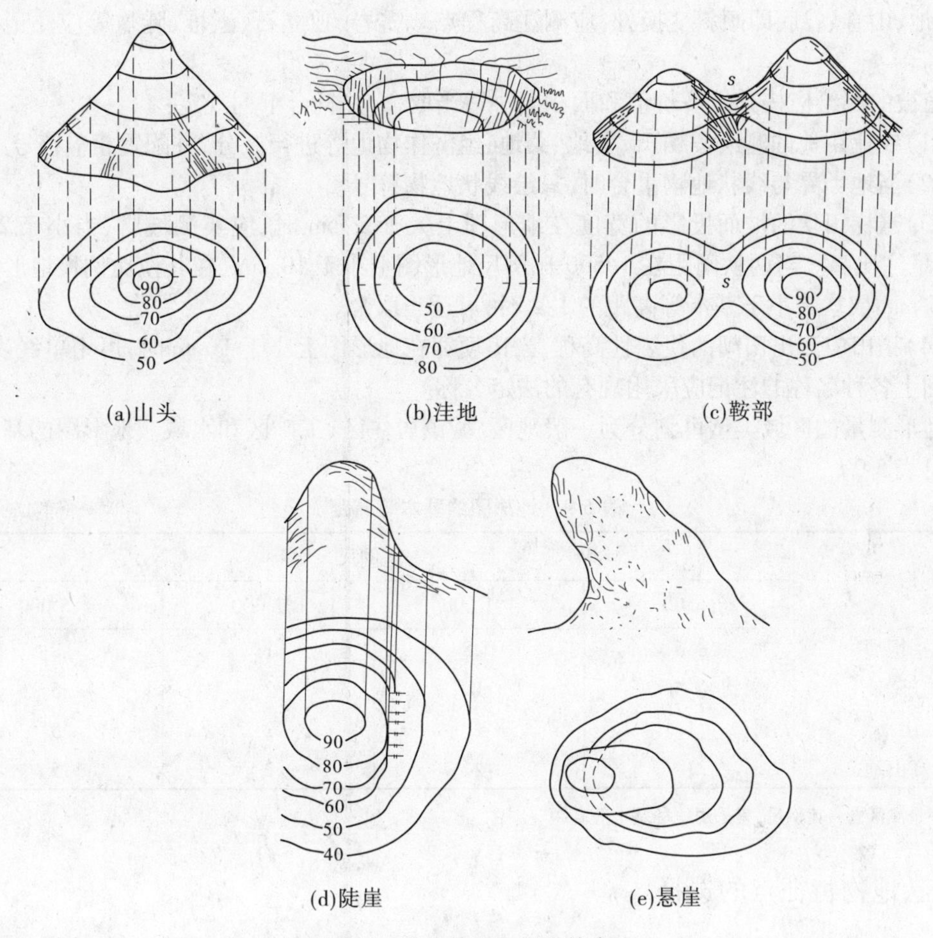

图 5-11　典型地貌与相应等高线

劣直接影响对所测的地形图的质量，立尺线路(俗成跑尺)的选择是否正确对测量进度的快慢起着至关重要的作用。

二、碎部测量实测

因为地形的特征点是反映地形的关键点，如果能将这些点的位置测量准确，则地形的位置、形状、大小、方位等要素也就随之确定了。所以，选择碎部点就是选择地形的特征点。碎部点选择得越多，地形图就越准确，但工作量也越大，影响工作进度。选择得太少，地形图的精度得不到保证。所以，正确选择碎部点非常重要。

独立性地物的测绘能按比例尺表示，应实测外廓，填绘符号；不能按比例尺表示的，应准确表示其定点位或定点线。

交通及附属设施均应按实际形状测绘。铁路应测注轨面高程：在曲线段应测注内轨面高程，涵洞应测注洞底高程。

水系及附属设施宜按实际现状测绘。水渠应测注渠顶边高程，堤、坝应测注顶部及坡脚高程，水井应测注井台高程，水塘应测注塘顶边及塘底高程。当河流、水渠在地形图上的宽度小于 1 mm 时，可用单线表示。

地貌宜用等高线表示。崩塌残蚀地貌、坡、坎和其他地貌可用相应符号表示。山顶鞍部、凹地、山脊、谷底即倾斜变换处,应测注高程点。露岩、独立石、土堆、陡坎等应注记高程或比高。

植被的测绘应按其经济价值和面积大小适当取舍,并符合下列规定:

(1)农业用地的测绘按稻田、旱地、菜地、经济作物地等进行区分,并配置相应符号。

(2)当地类界与线状地物重合时,只绘线状地物符号。

(3)当梯田坎的坡面投影的宽度在地形图上大于2 mm时,应实测坡脚;当小于2 mm时,可量注比高。当两坎间距在1∶500比例尺地形图上小于10 mm、在其他比例尺地形图上小于5 mm或坎高小于基本等高距的1/2时,可适当取舍。

(4)稻田应测出田间的代表性高程,当田埂宽在地形图上小于1 mm时,可用单线表示。地形图上各种名称的注记应采用现有的法定名称。

地形测量的区域类型可划分为一般地区、城镇居住区、工矿区和水域。地形图的基本等高距见表5-9。

表5-9　地形图的基本等高距　　(单位:m)

地形类别	比例尺			
	1∶500	1∶1 000	1∶2 000	1∶5 000
平坦地	0.5	0.5	1	2
丘陵地	0.5	1	2	5
山地	1	1	2	5
高山地	1	2	2	5

注:一个测区同一比例尺,宜采用一种基本等高距。

三、地物特征点的选择

(一)面状地物

对于比例地物,特征点位于地物轮廓线的方向变化处或转折处。对于不规则的地物形状,一般规定主要地物凹凸部分在图上大于0.4 mm时均应表示出来;小于0.4 mm时,可用直线连接。

(1)房屋:点位在转折处(A点为控制点),碎部点采集示意图见图5-12。

(2)植被:测定边界上的特征点,然后按实地形状用地类界符号描绘其范围,在不同植被范围内用相应符号表示植被性质,见图5-13。当地类界与线状地物重合时,地类界可省去不绘。

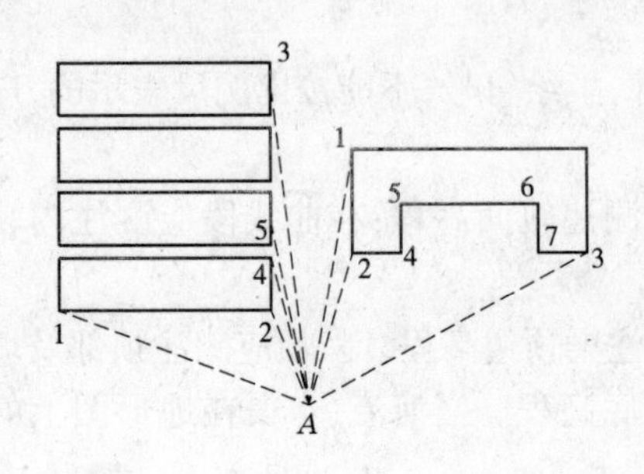

图5-12　碎部点采集示意图

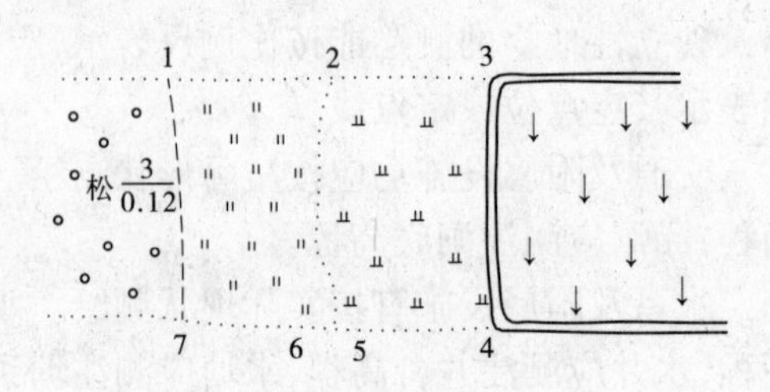

图5-13　几种植被符号表示法

(3)地貌碎部点应选在山顶、洼地的最低点,山脊线、山谷线、鞍部、坡度有变化的位置,山脊和山谷方向变化的点,如图5-14所示。

图5-14　地貌碎部点选取

(二)线状地物

线状地物的特征点为其几何中心线方向变化处或转折处,见图5-15。

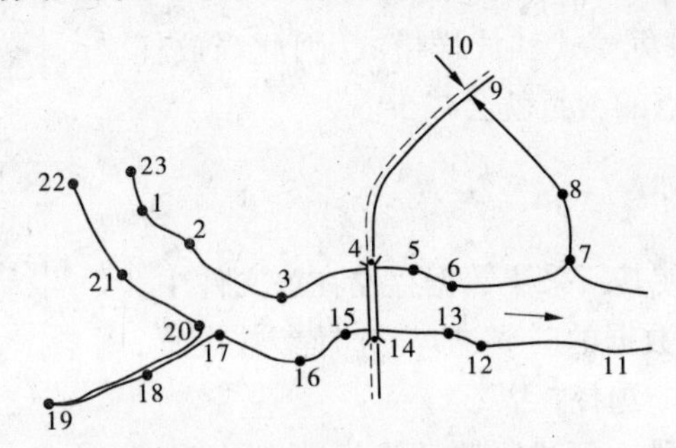

图5-15　线状地物碎部点选取示意图

道路、水系的特征点为转折点、河岸线转弯点。

(三)点状地物

点状地物的特征点为其几何中心点。

(四)地物特征点的取舍

测绘地物时,既要显示和保持地物分布的特征,又要保证图面的清晰易读,对待不同的地物必然要有一定取舍。其基本原则如下:

(1)要求地物位置准确,主次分明,符号运用得当,充分反映地物特征。图面清晰易读,便于使用。

(2)因为测图比例尺的限制,在一处不能清楚地描述两个及以上地物符号时,可将主要地物精确表示,次要地物适当移位、舍去或综合表示。移位时应保持其相关位置正确;综合取舍时要保持其总貌和轮廓特征,防止因为综合取舍而影响地物的性质变化,如河流、沟渠、道路在图上太密时,只能取舍,不能综合。

(3)临时性、易变化的以及对识图意义不大的地物,可以舍去。

(4)对那些意义重大的地物不能舍,只能取,如沙漠中哪怕再小的水井、绿地、树木;对某单位或村庄具有标志性的建筑、树木也只能取,不能舍。

(5)要充分注意到所测地形图的用途,分清主次。

总之,在地物取舍时,要正确、合理地处理待测内容的"繁与简"、"主与次"的关系,做到既能真实准确地反映实际地物的情况,又具有方便识图和便于使用的特点。

【任务实现】

数据采集菜单的操作:按下MENU键,仪器进入主菜单1/3模式。

按下F1(数据采集)键,显示数据采集菜单1/2,见图5-16。

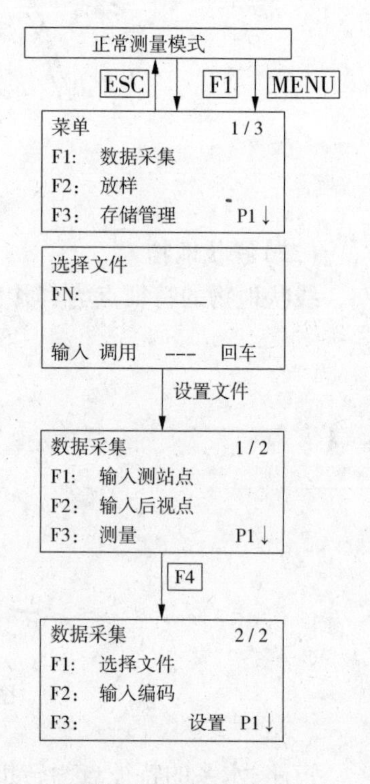

图5-16 数据采集

NTS系列可将测量数据存储在内存中。内存划分为测量数据文件和坐标数据文件。

(1)测量数据:被采集的数据存储在测量数据文件中。

(2)测点数目:(在未使用内存于放样模式的情况下)最多可达3 440个点。

因为内存包括数据采集模式和放样模式,因此当放样模式在使用时,可存储测点的数目就会减少。

一、操作步骤

选择数据采集文件,使其所采集数据存储在该文件中。

(1)当需要保存测量数据的时候,应先选择参数设置,在"是否仅存坐标数据"中,选择"否"。

(2)选择坐标数据文件。可进行测站坐标数据及后视坐标数据的调用(当无需调用已知点坐标数据时,可省略此步骤)。

(3)置测站点。包括仪器高和测站点号及坐标。

(4)置后视点,通过测量后视点进行定向,确定方位角。

(5)置待测点的棱镜高,开始采集,存储数据。

二、准备工作

(一)数据采集文件的选择

首先必须选定一个数据采集文件,在启动数据采集模式之前即可出现文件选择显示屏,由此可选定一个文件。

文件选择也可在该模式下的数据采集菜单中进行(见表5-10)。

(二)坐标文件的选择(供数据采集用)

若需调用坐标数据文件中的坐标作为测站点或后视点坐标,则应预先由数据采集菜单2/2选择一个坐标文件(见表5-11)。

表 5-10　数据采集菜单设置

操作过程	操作	显示
		菜单　1/3 F1:　数据采集 F2:　放样 F3:　存储管理　P↓
①由主菜单 1/3 按[F1](数据采集)键	[F1]	选择文件 FN: ________ 输入　调用　---　回车
②按[F2](调用)键,显示文件目录	[F2]	SOUDATA /M0123 ->*LIFDATA /M0234 DIEDATA /M0355 ---　查找　---　回车
③按[▲]键或[▼]键使文件表向上下滚动,选定一个文件	[▲]或[▼]	LIFDATA /M0234 DIEDATA /M0355 ->KLSDATA /M0038 ---　查找　---　回车
④按[F4](回车)键,文件即被确认显示数据采集菜单 1/2	[F4]	数据采集　1/2 F1:　输入测站点 F2:　输入后视点 F3:　测量　P↓

(三)测站点和后视点

测站点与定向角在数据采集模式和正常坐标测量模式下是相互通用的,可以在数据采集模式下输入或改变测站点和定向角数值。

测站点坐标可按如下两种方法设定:

(1)利用内存中的坐标数据来设定。

(2)直接由键盘输入。

表 5-11　选择坐标文件

操作过程	操作	显示
①由数据采集菜单 2/2 按 F1 (选择文件)键	F1	数据采集　2/2 F1:　选择文件 F2:　编码输入 F3:　设置　P↓
②按 F2 (坐标文件)键	F2	选择文件 F1:　测量文件 F2:　坐标文件
③选择一个坐标文件		选择文件 FN: ________ 输入　调用　---　回车

后视点定向角可按如下三种方法设定:

(1)利用内存中的坐标数据来设定。

(2)直接键入后视点坐标。

(3)直接键入设置的定向角。

方位角的设置需要通过测量来确定。

设置测站点的示例如表 5-12 所示(利用内存中的坐标数据来设置测站点的操作步骤)。

表 5-12　设置测站

操作过程	操作	显示
①由数据采集菜单 1/2,按 F1 (输入测站点)键,即显示原有数据	F1	点号　->PT-01 标识符: ________ 仪高:　0.000 m 输入　查找　记录　测站
②按 F4 (测站)键	F4	测站号 点号:　PT-01 输入　调用　坐标　回车
③按 F1 (输入)键	F1	测站号 点号:　PT-01 回退　空格　数字　回车

续表 5-12

操作过程	操作	显示
④输入点号,按[F4]键	输入点号 [F4]	点号 ->PT-11 标识符: 仪高: 0.000 m 输入 查找 记录 测站
⑤输入标识符,仪高	输入标识符 输入仪高	点号 ->PT-11 标识符: 仪高: 1.235 m 输入 查找 记录 测站
⑥按[F3](记录)键	[F3]	点号 ->PT-11 标识符: 仪高-> 1.235 m 输入 查找 记录 测站 >记录? [是] [否]
⑦按[F3](是)键,显示屏返回数据采集菜单1/2	[F3]	数据采集 1/2 F1: 输入测站点 F2: 输入后视点 F3: 测量 P↓

设置方向角示例如表 5-13 所示(方向角一定要通过测量来确定)。

以下通过输入点号设置后视点,将后视定向角数据寄存在仪器内。

表 5-13 设置方向角

操作过程	操作	显示
①由数据采集菜单 1/2 按[F2](后视)键,即显示原有数据	[F2]	后视点 -> 编码: 镜高: 0.000 m 输入 置零 测量 后视
②按[F4](后视)键	[F4]	后视 点号 -> 输入 调用 NE/AZ [回车]
③按[F1](输入)键	[F1]	后视 点号: 回退 空格 数字 回车

续表 5-13

操作过程	操作	显示
④输入点号,按[F4](ENT)键;按同样方法,输入点编码,反射镜高	输入 PT# [F4]	后视点　->PT-22 编码: 镜高:　0.000 m 输入　置零　测量　后视
⑤按[F3](测量)键	[F3]	后视点　->PT-22 编码: 镜高:　0.000 m 输入　*斜距　坐标　---
⑥照准后视点,选择一种测量模式并按相应的软键; 例:[F2](斜距)键,进行斜距测量,根据定向角计算结果设置水平度盘读数测量结果被寄存,显示屏返回到数据采集菜单 1/2	照准 [F2]	V:　90° 00′ 00″ HR:　0° 00′ 00″ SD*　<<< m >测量… 数据采集　1/2 F1:　输入测站点 F2:　输入后视点 F3:　测量　P↓

(四)待测点测量并存储数据

进行待测点的测量,并存储数据,碎部测量操作过程见表 5-14。

表 5-14　碎部测量

操作过程	操作	显示
①由数据采集菜单 1/2,按[F3](测量)键,进入待测点测量	[F3]	数据采集　1/2 F1:　测站点输入 F2:　输入后视 F3:　测量　P↓ 点号 -> 编码: 镜高:　0.000 m 输入　查找　测量　同前
②按[F1](输入)键,输入点号后,按[F4]键确认	[F1] 输入点号 [F4]	点号　= PT-01 编码: 镜高:　0.000 m 回退　空格　数字　回车 点号　= PT-01 编码　-> 镜高:　0.000 m 输入　查找　测量　同前

续表 5-14

操作过程	操作	显示
③按同样方法输入编码、棱镜高	F1 输入编码 F4 F1 输入镜高 F4	点号： PT–01 编码： -> SOUTH 镜高： 1.200 m 输入 查找 测量 同前 输入 *斜距 坐标 偏心
④按F3（测量）键	F3	
⑤照准目标点	照准	
⑥按F1 ~ F3中的一个键＊3） 例：F2（斜距）键 开始测量 数据被存储，显示屏变换到下一个镜点	F2	V： 90° 00′ 00″ HR： 0° 00′ 00″ SD* [n] <<< m >测量… <完成>
⑦输入下一个镜点数据并照准该点		点号 ->PT–02 编码： SOUTH 镜高： 1.200 m 输入 查找 测量 同前
⑧按F4（同前）键 按照上一个镜点的测量方式进行测量 测量数据被存储 按同样方式继续测量 按ESC键即可结束数据采集模式	照准 F4	V： 90° 00′ 00″ HR： 0° 00′ 00″ SD* [n] <<< m >测量… <完成> 点号 ->PT–03 编码： SOUTH 镜高： 1.200 m 输入 查找 测量 同前

（五）查找记录数据

运行数据采集模式时，可以查找记录数据，见表 5-15。

（六）用编码库输入编码/标识符

在运行数据采集模式期间，可直接输入编码，具体操作见表 5-16。

（七）利用编码表输入编码/标识符

在运行数据采集模式期间，也可利用编码表输入编码/标识符，具体操作见表 5-17。

表 5-15　查找记录数据

操作过程	操作	显示
①运行数据采集模式期间可按F2（查找）键,此时在显示屏的右上方会显示出工作文件名	F2	点号　->PT-03 编码: 镜高:　1.200 m 输入　查找　测量　同前
②在三种查找模式中选择一种按F1 ~ F3中的一个键	F1 ~ F3	查找 [SOUTH] F1:第一个数据 F2:最后一个数据 F3:按点号查找

表 5-16　输入编码

操作过程	操作	显示
①在运行数据采集模式期间,按F1（输入）键	F1 输入编码 F4	点号:　PT-02 编码　-> 镜高:　1.200 m 输入　查找　测量　同前 点号:　PT-02 编码　=SOUTH 镜高:　1.200 m 输入　查找　测量　同前

表 5-17　利用编码表输入

操作过程	操作	显示
①在数据采集模式下,移动光标到编码或标识符项,按F2（查找）键	F2	点号:　PT-03 编码　-> 镜高:　1.200 m 输入　查找　测量　同前
②按光标键,可使记号增加或减少,即按[▲]键或[▼]键:逐一增加或减少	[▲]、[▼]	->001:FW01 002:FW02 编辑　---　清除　回车 021:FFW21 ->022:SOUTH 023:KOWL 编辑　---　清除　回车

续表 5-17

操作过程	操作	显示
③按 F4 (回车)键	F4	点号 ->PT-03 编码 -> SOUTH 镜高 -> 1.200 m 输入 查找 测量 同前

注:按 F1 (编辑)键,可编辑编码库。

按 F3 (清除)键,可删除光标所指示的点编码登记号。

在数据采集菜单或存储管理菜单中均可对点编码内容进行编辑。

【课后自测】

(1)试述全野外数字测量作业流程。

(2)地物特征点取舍的注意事项有哪些?

(3)熟练使用全站仪采集碎部点。

第六章　数字测量内业

学习目标

➢ 掌握数字测量内业的基本知识；
➢ 掌握数字测量内业处理软件的软件环境；
➢ 掌握数字测量内业处理软件的基本操作方法；
➢ 掌握数字测量技术在工程建设方面的发展与应用；
➢ 掌握地形图整饰的原则；
➢ 会进行 CASS2006 的安装与调试；
➢ 会进行外业数据的管理；
➢ 会进行数据的整理和传输；
➢ 会利用 CASS 软件进行平面图绘制；
➢ 会利用 CASS 软件进行等高线的绘制与编辑。

数字测量的内业必须借助专业的数字测量软件完成，数字测量软件是数字测量系统中重要的组成部分。目前，国内市场上技术比较成熟的数字测量软件主要有南方测绘仪器公司的“数字化地形地籍成图系统 CASS”系列、北京威远图的 SV300 系列、广州开思 SCS 系列等。其中，南方测绘仪器公司的“数字化地形地籍成图系统 CASS”系列软件是众多数字测量软件中功能完备、操作方便、市场占有率较高的主流成图软件之一。

任务一　数字测量内业工作及系统介绍

【任务描述】

独立运行 CASS 并且充分了解主界面以及掌握菜单与工具栏的具体包含内容。

【任务解析】

CASS 地形地籍成图软件是我国南方测绘仪器公司开发的基于 AutoCAD 平台的数字测量系统，它具有完备的数据采集、数据处理、图形编辑、图形输出等功能，能方便灵活地完成数字测量工作，广泛用于地形地籍成图、工程测量、GIS 空间数据建库等领域。

【相关知识】

一、CASS 的操作主界面

运行 CASS2006 之前必须先将“软件狗”插入 USB 接口。启动 CASS2006 后，弹出如图 6-1所示的 CASS 操作主界面。CASS2006 的操作主界面主要由下拉菜单栏、CAD 标准工具栏、CASS 实用工具栏、屏幕菜单栏、图形编辑区、命令行、状态栏等组成。标有“▶”符号的下拉菜单表示还有下一级菜单,每个菜单均以对话框或命令行提示的方式与用户交互应答。

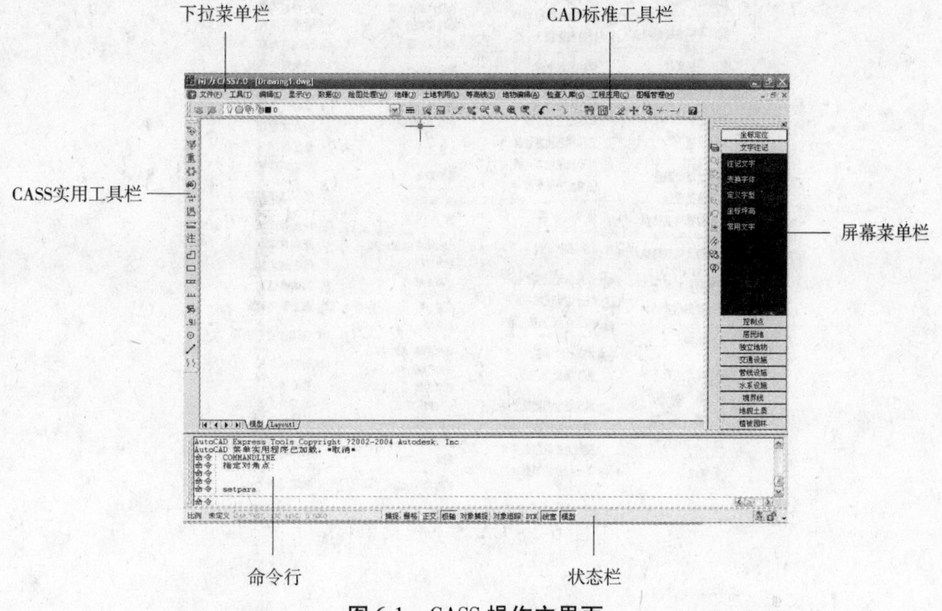

图 6-1 CASS 操作主界面

图形编辑区是图形显示的窗口,用户在该区域内进行图形编辑工作。图形窗口有自己的标准 Windows 特征,如滚动条、最大化、最小化以及控制按钮等,使用户可以在图形界面的框架内移动或者改变图形的大小。CASS 命令行缺省界面中一般显示 3 行命令行,其中最下面一行等待键入命令,上面两行一般显示命令提示符或与命令进行相关的其他信息。操作时要随时注意命令行提示。

二、菜单与工具栏内容简介

(一)下拉菜单栏

操作界面标题栏下面即为下拉菜单栏。它包括 13 个下拉菜单,分别是文件、工具、编辑、显示、数据、绘图处理、地籍、土地利用、等高线、地物编辑、检查入库、工程应用、图幅管理。利用这些菜单功能,即可以满足数字图绘制、编辑、应用、管理等操作需要。例如,数据、绘图处理、等高线和工程应用这 4 个下拉菜单的各个功能项如图 6-2 所示。

(二)屏幕菜单栏

CASS 屏幕菜单栏如图 6-3 所示,一般设置在操作界面右侧,是用于绘制各类地物的交互式菜单。屏幕菜单第一项提供了四种定点方式。进入屏幕菜单的交互编辑功能时,必须先选定某一定点方式。

(三)CASS 实用工具栏

CASS 实用工具栏如图 6-4 所示,一般设置在屏幕的左侧。它具有 CASS 的一些常用功能,如查看实体编码、加入实体编码、批量选取目标、线型换向、坐标查询、距离与方位角、文字标注、常见地物绘制、交互展点等。当光标在工具栏的某个图标停留时就显示该图标的功能提示。使用 CASS 实用工具栏,配合命令行提示操作,可简化对下拉菜单和屏幕菜单的操作。

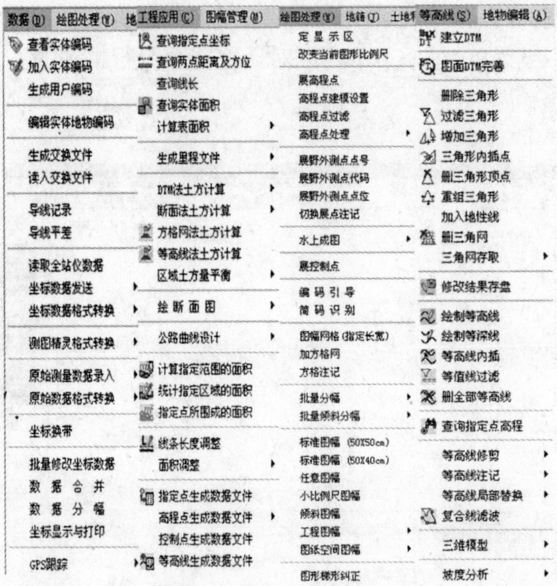

图 6-2　CASS 下拉菜单

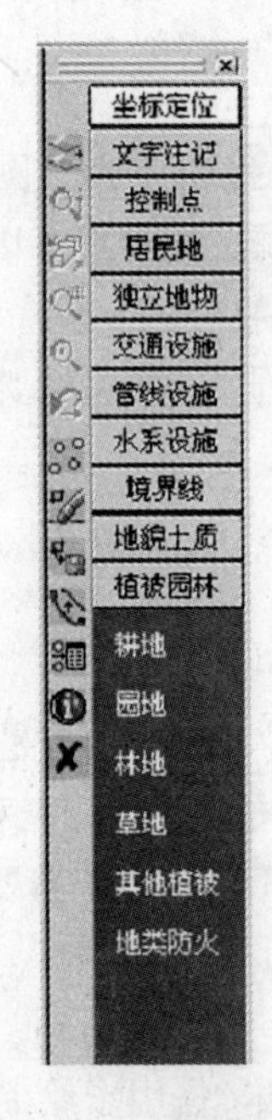

图 6-3　CASS 屏幕菜单栏

图 6-4　CASS 实用工具栏

(四)CAD 标准工具栏

CAD 标准工具栏如图 6-5 所示，它包括了 CAD 的常见功能，具体操作方法和 AutoCAD 的使用方法保持一致，包括了 CAD 中的常用快捷命令。

图 6-5　CAD 标准工具栏

任务二　CASS2006 的安装

【任务描述】

独立安装 CASS2006 并进行软件注册。

【任务解析】

CASS 系列软件是以 CAD 为平台的二次开发行业内软件,所以处理 CASS 安装问题的时候,要先进行 CAD 安装以及相关的配置。

【相关知识】

一、CASS2006 的运行环境

(一)硬件

处理器(CPU):Pentium(r)Ⅲ或更高版本;

内存(RAM):256 MB(最少);

视频:1 026×768 真彩色(最低);

硬盘安装:安装 300 MB;

定点设备:鼠标、数字化仪或其他设备;

CD-ROM:任意速度(仅对于安装)。

(二)环境

操作系统:Microsoft Windows NT 4.0 SP 6a 或更高版本(Microsoft Windows 9x、Microsoft Windows 2000、Microsoft Windows XP Professional、Microsoft Windows XP Home Edition、Microsoft Windows XP Tablet PC Edition);

浏览器:Microsoft Internet Explorer 6.0 或更高版本;

平台:AutoCAD 2002、AutoCAD 2004、AutoCAD 2005、AutoCAD 2006、AutoCAD 2008;

文档及表格处理:Microsoft Office 2000 或更高版本。

二、CASS2006 安装

由于 CASS 是以 CAD 为平台的软件,所以安装 CASS 之前要首先正确安装 CAD,而 AutoCAD 是美国 AutoDesk 公司的产品,用户需找相应代理商自行购买。

【任务实现】

一、AutoCAD 的安装

AutoCAD 的主要安装过程如下:

(1)AutoCAD 软件光盘放入光驱后执行安装程序,AutoCAD 将出现如图 6-6 所示信息。启动安装向导程序。

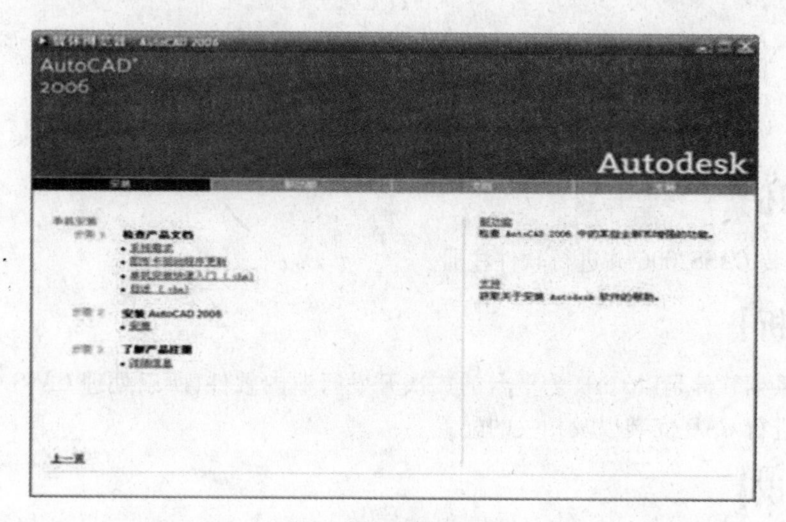

图 6-6　安装向导窗口

(2)稍等片刻后,弹出如图 6-7 所示信息,响应后单击“下一步(N)”按钮,弹出如图 6-8 所示信息。

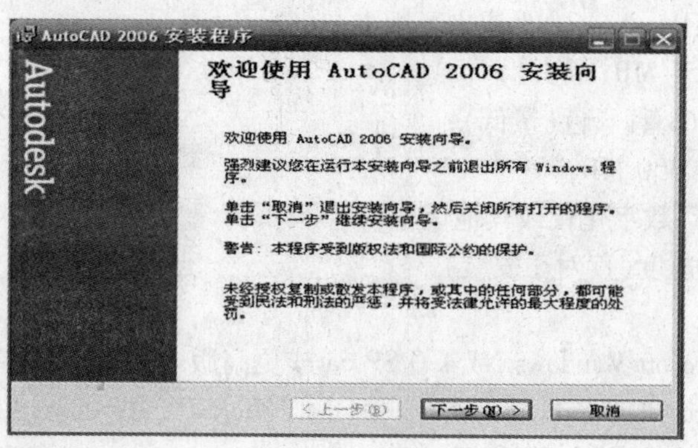

图 6-7　欢迎窗口

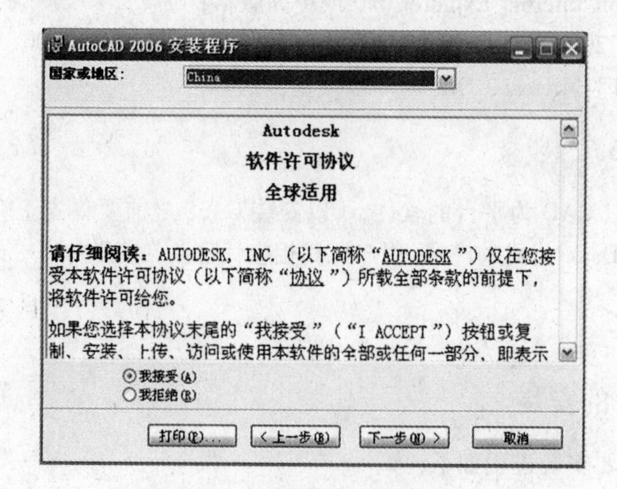

图 6-8　软件许可协议窗口

(3)图6-8所示界面询问用户是否接受 Autodesk 软件许可协议。单击“我接受”接受许可，响应后单击“下一步(N)”按钮，弹出如图6-9所示窗口。

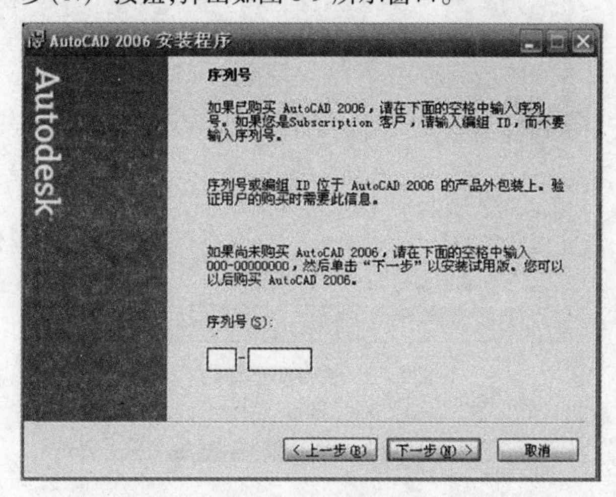

图6-9　序列号窗口

(4)如图6-9所示，要求用户键入软件的序列号，响应后单击“下一步(N)”按钮，弹出如图6-10所示信息。

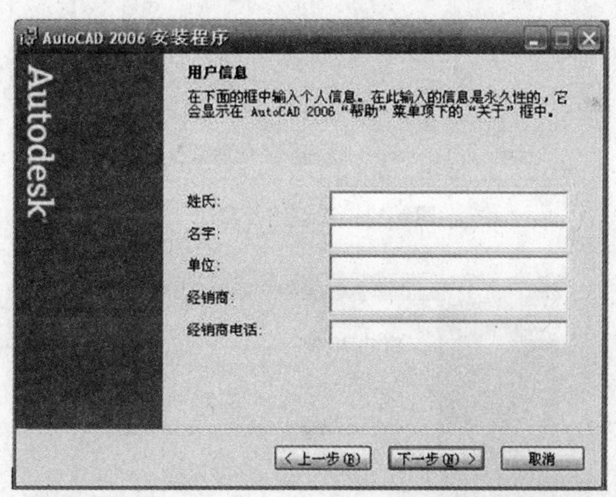

图6-10　用户信息窗口

(5)图6-10所示界面要求用户确定此软件使用者的姓名、单位名称、软件经销商的名称及其电话。在相应位置键入相应内容后单击“下一步(N)”按钮，得到图6-11。

(6)图6-11要求确定 AutoCAD 的安装类型。用户可以在典型和自定义两种类型之间选择一种进行安装。如果是使用 CASS7.0 软件，应选择自定义并选定所有的安装选项。

单击“下一步(N)”后，将得到图6-12。

(7)在图6-12中确定 AutoCAD 软件的安装位置。AutoCAD 给出了默认的安装位置 D:\Program Files\AutoCAD 2006\，用户也可以通过单击“浏览”按钮从弹出的对话框中修改软件的安装路径。单击磁盘需求查看系统磁盘的信息。如果已选择好了文件夹，则可以单击“下一步(N)”按钮，得到图6-13。

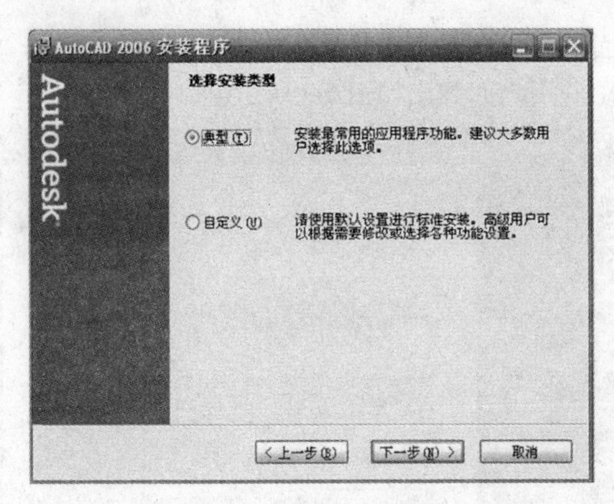

图 6-11　安装类型窗口

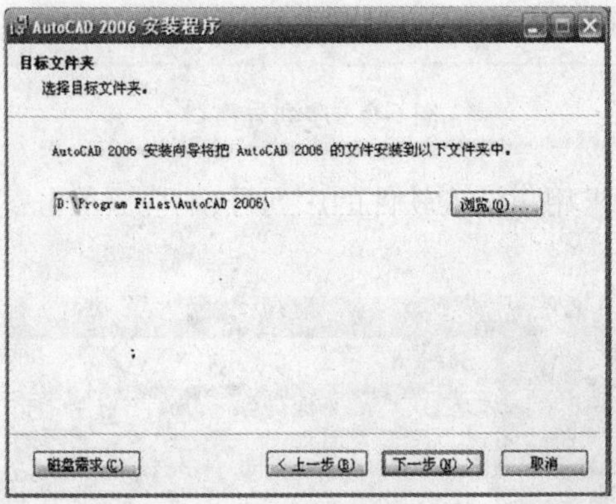

图 6-12　安装路径窗口

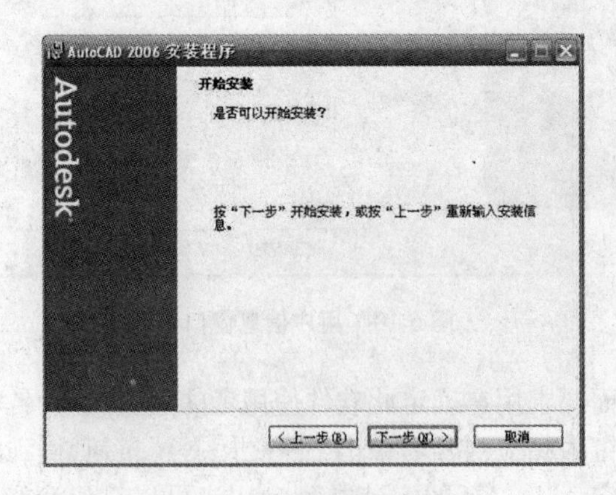

图 6-13　安装信息确认窗口

(8)单击图 6-13 中的“下一步(N)”按钮,AutoCAD 2006 开始安装,并显示与图 6-14 相类似的提示信息。

软件安装结束后,AutoCAD 给出如图 6-15 所示信息,单击完成按钮,会打开说明文件,如果不选中“是,我想现在阅读自述文件的内容(Y)”复选框,关闭说明文件,安装完毕。如果是在 Windows 9x 或者是在 Windows 2000 系统上安装 AutoCAD 2006,AutoCAD 直接给出

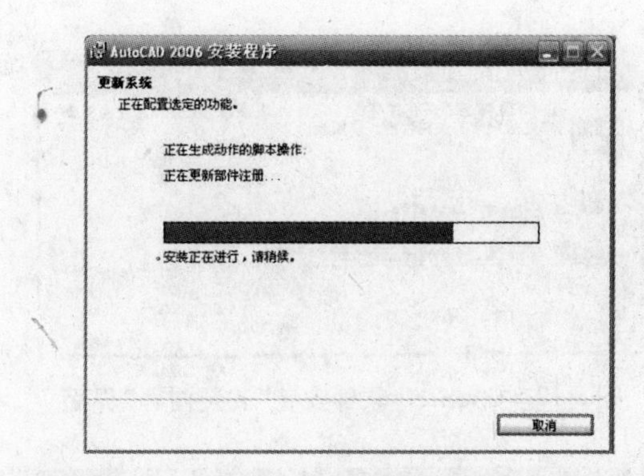

图 6-14　安装提示窗口

如图 6-16所示信息,单击“是(Y)”按钮,会自动重新启动计算机。如果此时选择不重新启动计算机,也可以运行 AutoCAD 2006,但有可能出现某些动态链接库(DLL)找不到的情况,此时必须重新启动计算机。

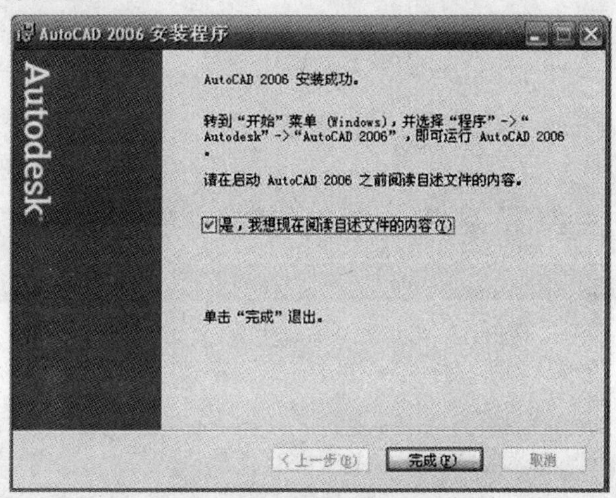

图 6-15　安装结束窗口

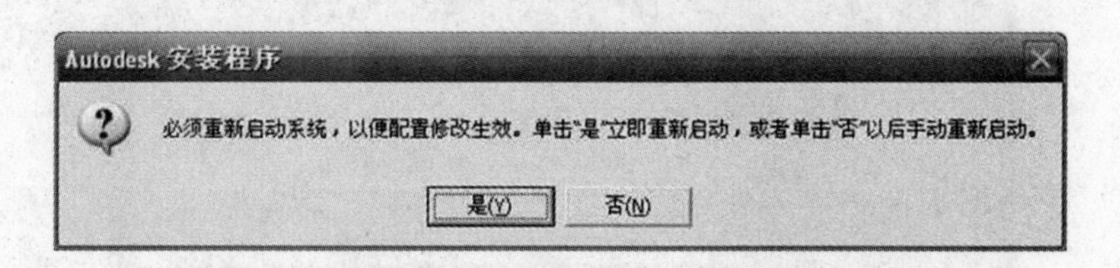

图 6-16　重新启动计算机窗口

二、CASS7.0 的安装

CASS7.0 的安装应该在安装完 AutoCAD 2006 并运行一次后才进行。打开 CASS7.0 文件夹,找到 setup.exe 文件并双击,屏幕上将出现图 6-17 所示界面,其中 CASS7.0 的安装向导将提示用户进行软件的安装,并得到如图 6-18 所示的“欢迎”界面。

在图 6-18 中单击“下一步(N)”按钮,得到图 6-19 所示的界面。

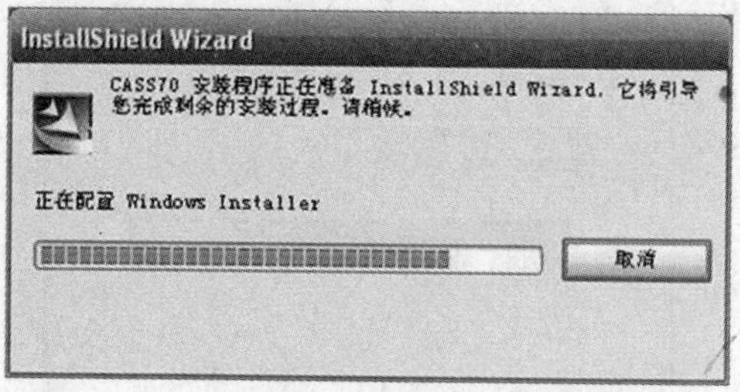

InstallShield Wizard

CASS70 安装程序正在准备 InstallShield Wizard，它将引导您完成剩余的安装过程。请稍候。

正在配置 Windows Installer

取消

图 6-17　CASS7.0 软件安装“安装向导”界面

图 6-18　CASS7.0 软件安装“欢迎”界面

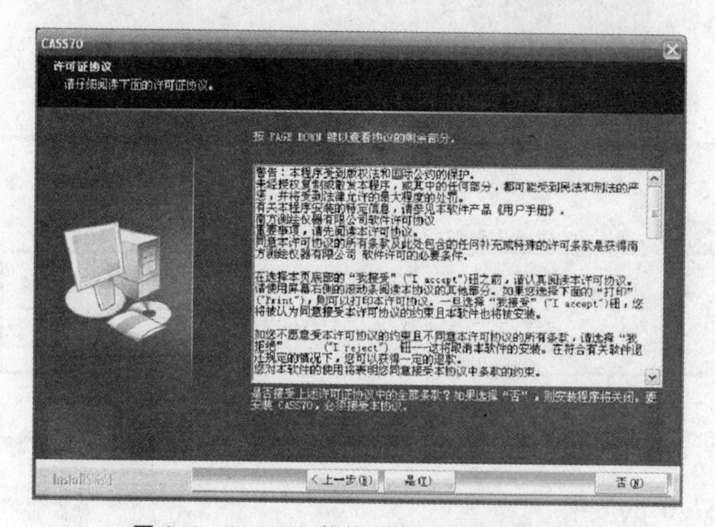

图 6-19　CASS7.0 软件安装“产品信息”界面

在图 6-19 中单击“是(Y)”按钮，得到如图 6-20 所示的界面。

在图 6-21 中确定 CASS7.0 软件的安装位置。安装软件给出了默认的安装位置 C:\Program Files\CASS7.0\，用户也可以通过单击“浏览(R)…”按钮从弹出的对话框中修改软件的安装路径，要注意 CASS7.0 系统必须安装在根目录的 CASS7.0 子目录下。如果已选择好了安装路径，则可以单击“下一步(N)”按钮开始进行安装。安装过程中自动弹出软件狗的驱动程序安装向导，如图 6-22 所示。

图 6-20　输入客户信息

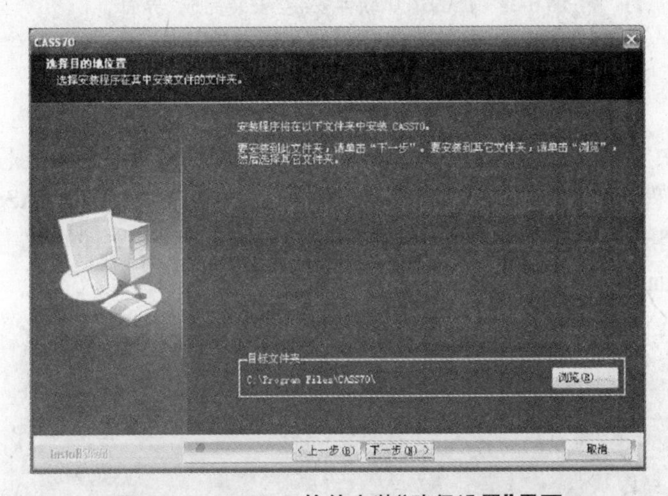

图 6-21　CASS7.0 软件安装“路径设置”界面

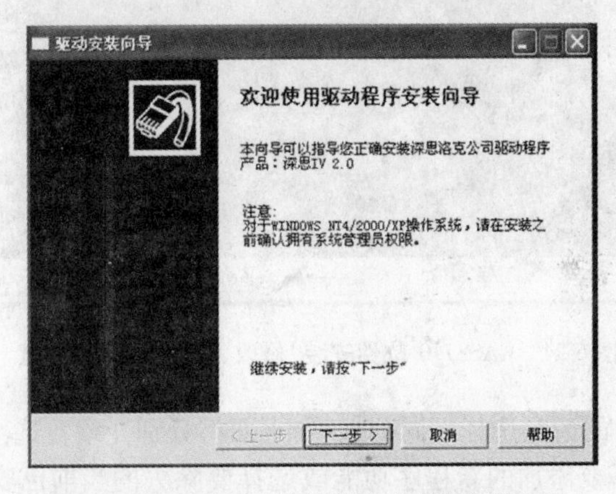

图 6-22　CASS7.0 软件狗驱动程序安装向导

安装完成后屏幕弹出如图 6-23 所示界面,单击“完成”按钮,结束 CASS7.0 的安装。

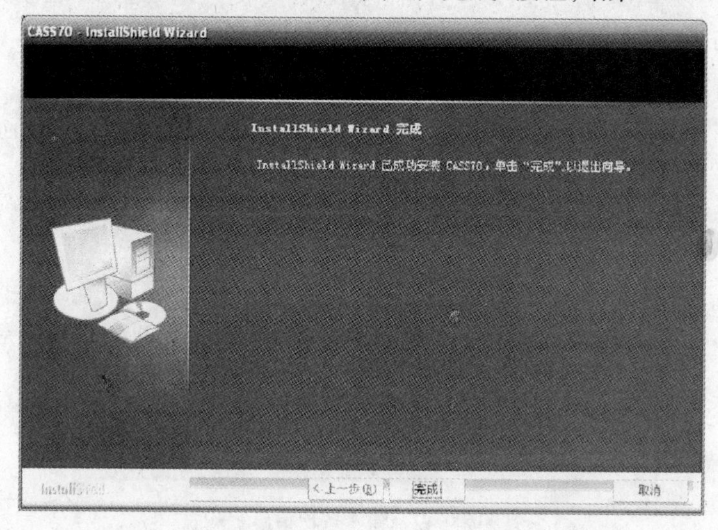

图 6-23　CASS7.0 软件安装“安装完成”界面

【拓展提高】

当用户第二次安装软件时,如果使用在南方公司的网站上下载的补丁程序,其安装过程中无须人工干预,程序将找到当前 CASS 的安装路径,自动完成安装。CASS 软件提供了安全的升级方式。打开 CASS7.0 安装文件文件夹,找到 setup. exe 文件并双击,屏幕上将出现如图 6-17 所示界面,并能得到如图 6-24 所示界面。

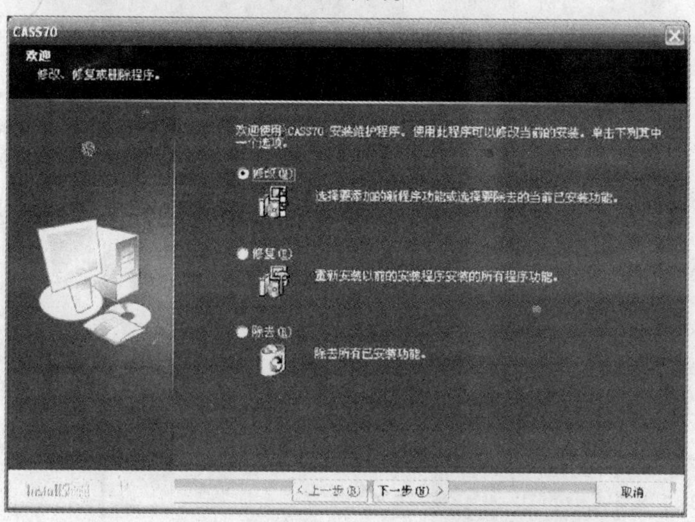

图 6-24　CASS7.0 软件安装“修改、修复或删除”界面

用户可以根据自己的情况选择不同的选项,下面将分别介绍各选项的操作步骤:

(1)修改(M):选择要添加的新程序功能或选择要除去的当前已安装组件。选择该项,单击“下一步(N)”按钮得到如图 6-25 所示界面。

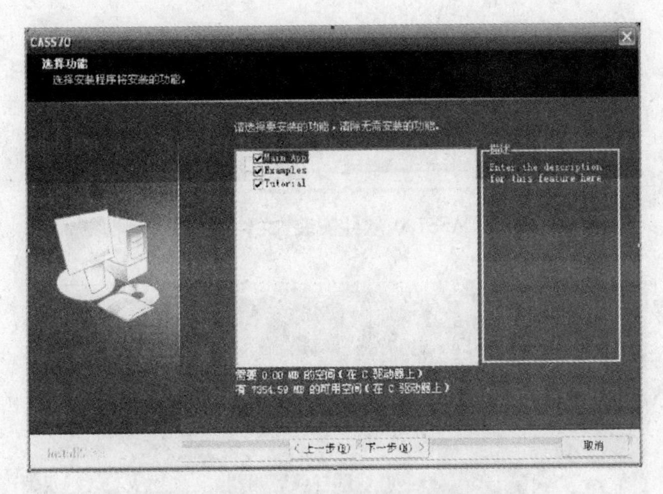

图 6-25　CASS7.0 软件安装“选择组件”界面

根据具体情况，选择要增加的或要删除的程序，单击“下一步(N)”按钮继续运行程序。软件执行操作，得到如图 6-26 所示界面。

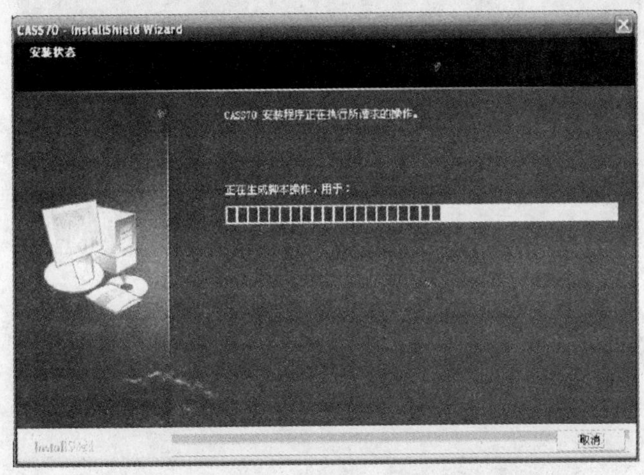

图 6-26　CASS7.0 软件安装“安装状态”界面

软件自动根据用户的选项完成相应的操作。

(2)修复(E)：重新安装以前的安装程序安装的所有程序功能。选择该项，单击“下一步(N)”按钮得到图 6-27 所示界面。该选项将根据用户以前选择的安装组件重新安装 CASS7.0 软件，完成后得到图 6-26 所示界面。

(3)除去(R)：除去所有已安装功能。选择该项，单击“下一步(N)”按钮得到如图 6-27 所示对话框。

选择“取消”按钮回到如图 6-24 所示界面；选择“确定”按钮将完全删除所选应用程序及其所有组件，得到如图 6-28 所示界面。

【课后自测】

独立进行软件的安装、调试与卸载。

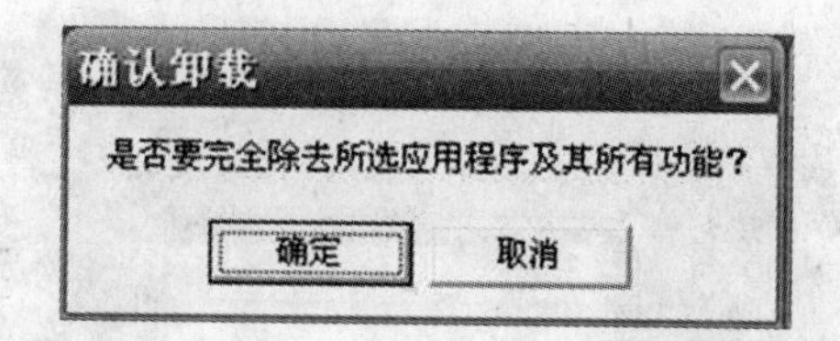

图 6-27　CASS7.0 软件安装“文件删除”对话框

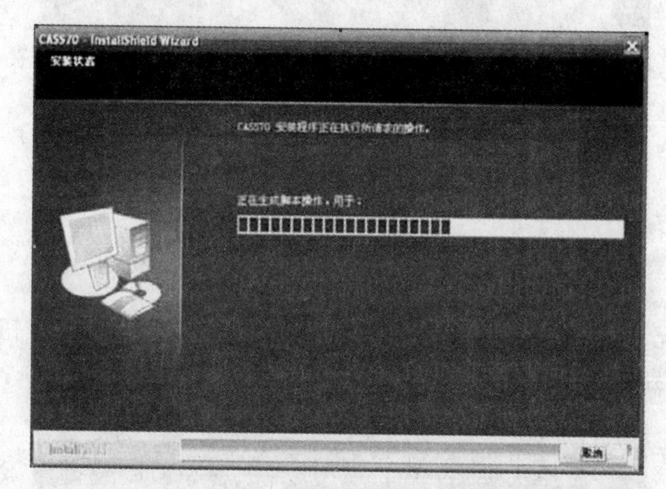

图 6-28　CASS7.0 软件安装“文件删除”界面

任务三　数据管理与数据传输

【任务描述】

以拓普康 GTS 系列全站仪为例进行与南方 CASS 之间的数据传输，并进行相关数据处理。

【任务解析】

数据传输的作用是完成电子手簿或全站仪与计算机之间的数据相互传输，而实现电子手簿或者全站仪与计算机之间的正常通信。作业前一般要对全站仪、电子手簿、计算机等进行一系列的数据处理与相关参数的设置。

【相关知识】

全站仪数据读取原则以及相应操作具体介绍：

(1)功能：将电子手簿或全站仪内存中的数据传入 CASS7.0 中，并形成 CASS7.0 专用格式的坐标数据文件。

(2)操作过程：点取本菜单后弹出“全站仪内存数据转换”对话框，如图 6-29 所示。

(3)仪器：选择电子手簿或带内存全站仪的类型，点击右边下拉箭头可选择仪器类型，CASS7.0 支持的仪器类型及数据格式如图 6-30 所示。

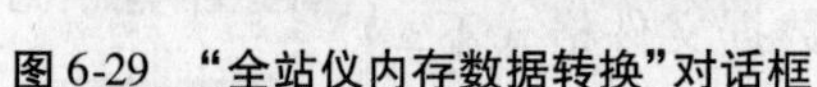

图 6-29 “全站仪内存数据转换”对话框

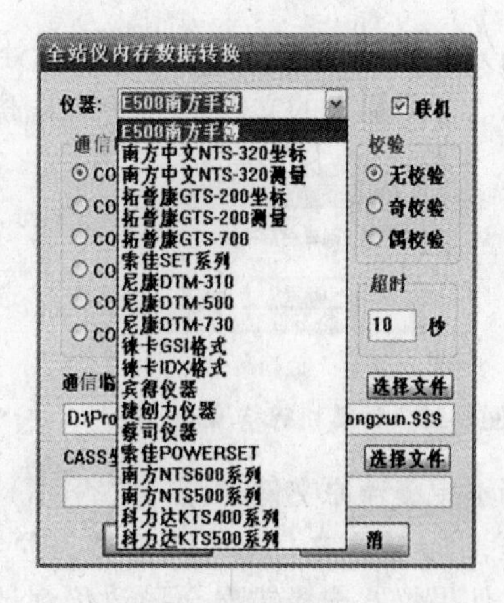

图 6-30 仪器类型选择下拉列表

(4)联机:若选中复选框,则直接从仪器内存中读取相应格式的数据文件,否则就在“通信临时文件”栏中选择一个由其他通信方式得到的相应格式的数据文件,一般是由各类仪器自带的通信软件转换或超级终端传输得到的数据文件。

(5)通信参数:包括通信口、波特率、数据位、停止位和校检等几个选项,设置时应使全站仪的以上通信参数和本软件的设置一致。

(6)超时:若软件没有收到全站仪的信号,则在设置好的时间内自动停止。系统默认的时间是 10 s。

(7)通信临时文件:打开由其他通信传输方式得到的相应格式的数据文件,一般是由各类仪器自带的通信软件转换或超级终端传输得到的数据文件。

(8)CASS 坐标文件:将转换得到的数据保存为 CASS7.0 的坐标数据格式。

下面针对不同外界设备分别进行操作功能的介绍。

(1)E500 南方手簿。

功能:将南方电子手簿的测量数据传输到计算机中,并形成相应的坐标数据文件。

操作过程:在“仪器”下拉列表中找到“E500 南方手簿”,点击鼠标左键。然后检查通信参数是否设置正确。在对话框最下面的“CASS 坐标文件:”下的空栏里输入想要保存的文件名(要留意文件的路径,为了避免找不到文件,可以输入完整的路径)。最简单的方法是点击“选择文件”按钮,出现如图 6-31 所示的对话框,在“文件名(N):”后输入想要保存的文件名,点击“保存”按钮。这时,系统已经自动将文件名填在了“CASS 坐标文件:”下的空白处。这样就省去了手工输入路径的步骤。

图 6-31 执行“选择文件”操作的对话框

输完文件名后移动鼠标至“转换”处，按左键或者直接按回车键，便出现如图 6-32 所示的提示。如果输入的文件名已经存在，屏幕出现如图 6-33 的提示。

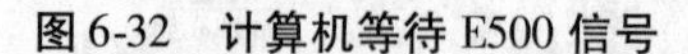

图 6-32　计算机等待 E500 信号

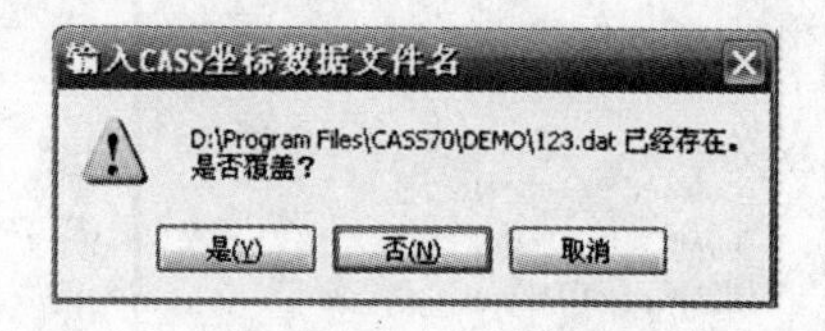

图 6-33　文件出现同名时的对话框

当不想覆盖原文件时，点击“否(N)”按钮即返回如图 6-31 所示对话框，重新输入文件名。当想覆盖原文件时，点击“是(Y)”按钮即可。如果仪器选择错误会导致传到计算机中的数据文件格式不正确，这时会出现如图 6-34 所示的对话框，操作 PC－E500 电子手簿，做好通信准备，在 PC－E500 上输入本次传送数据的起始点号后，然后先在计算机上按回车键再在 PC－E500 上按回车键。命令区便逐行显示点位坐标信息，直至通信结束。

图 6-34　“数据格式不对”对话框

(2)带内存全站仪与 CASS7.0 的通信。

带内存全站仪与 CASS7.0 的通信过程与 E500 大体相似，主要区别是全站仪上设置通信参数的操作不一样，这里就一般的操作过程作一说明。

①将全站仪通过适当的通信电缆与微机连接好。

②移动鼠标至“数据通信”项的“读取全站仪数据”项，该处以高亮度(深蓝)显示，按左键，出现如图 6-35 所示对话框。

根据不同仪器的型号设置好通信参数，再选取好要保存的数据文件名，点击“转换”按钮。步骤大体与上同。如果想将已经上传到电脑中的数据，比如用超级终端传过来的数据文件进行数据转换，可先选好仪器类型，再将仪器型号后面的“联机”选项取消。这时通信参数全部变灰。接下来在“通信临时文件”选项下面的空白区域填上已有的临时数据文件，再在“CASS 坐标文件:”选项下面的空白区域填上转换后的 CASS 坐标数据文件的路径和文件名，点“转换”即可。下面以拓普康 GTS－200/300 系列仪器为例进行操作。

图 6-35　“全站仪内存数据转换”对话框

功能：将拓普康 GTS－200/300/700 系列全站仪的内存数据传入微机，生成 CASS7.0 的数据文件或将其相应的测量、坐标格式的数据文件转换为 CASS7.0 的数据文件。

联机：在“仪器”下拉列表中选取相应的拓普康仪器类型并选中“联机”复选框。然后检查通信参数是否设置正确。在对话框最下面的“CASS 坐标文件:”下的空栏中输入想要保存的文件名，然后点击“转换”按钮即弹出如图 6-36 所示对话框。

格式转换：将已有的拓普康相应格式的数据文件转换为 CASS 格式的坐标文件，先选择仪器及数据类型，去掉“联机”复选框，此时不需设置通信参数，在通信临时文件栏中给出要转换的数据文件路径或直接用“选择文件”去查找。在 CASS 坐标文件栏中给出目标文件名,然后点击“转换”按钮即可。其他种类的全站仪内存数据通信的操作方法同上。

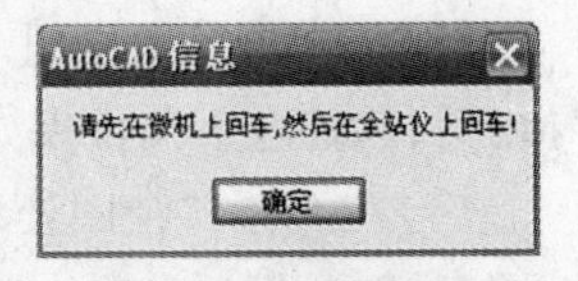

图 6-36　计算机等待全站仪信号

【任务实现】

南方 CASS 软件操作步骤如下:

第一步:首先把全站仪用串口数据线与电脑连接,然后开机,按 MENU 按钮,然后按 F3 再按两次 F4,到(存储管理)界面下出现:F1 数据通信,F2 初始化。此时按 F1,在出现的界面下再按 F1GTS 格式,然后按 F1 发送数据,按 F2 坐标数据,然后按 F2(12 位),再按 F2(调用)出现需要导出的作业文件夹,按 F4 回车,此时不动。

第二步:

(1)打开电脑上的南方 CASS 软件, 打开菜单中“数据”项下的“读取全站仪数据”,如图 6-37所示,出现如图 6-38 所示界面。

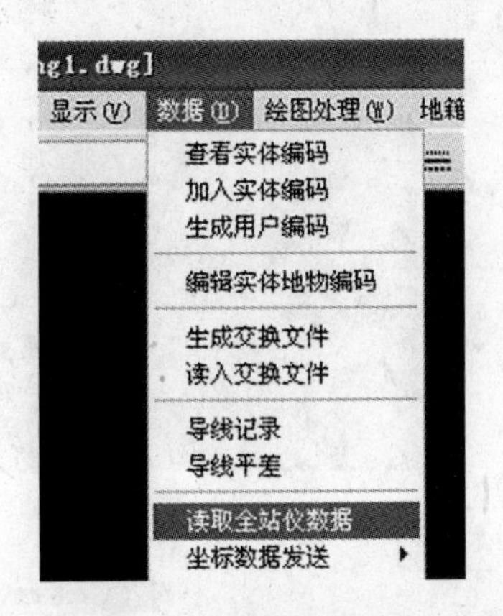

图 6-37　“数据菜单”

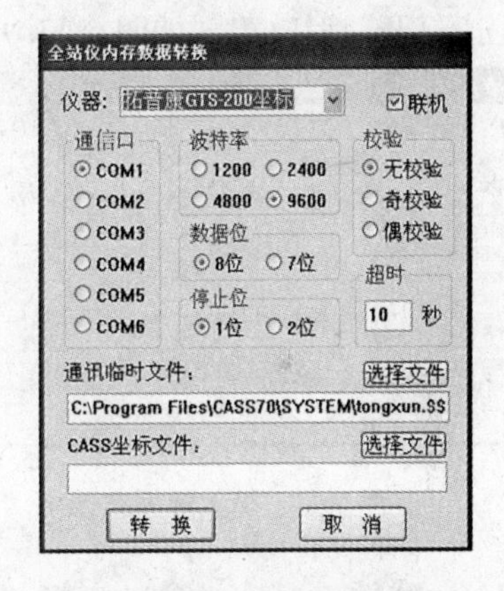

图 6-38　读取全站仪数据

(2)选择界面参数与全站仪通信设置相同,然后点击“CASS 坐标文件”后的“选择文件”按钮,输入导出数据的文件名 2008,如图 6-39 所示。然后点击“转换”按钮出现如图 6-36所示界面。

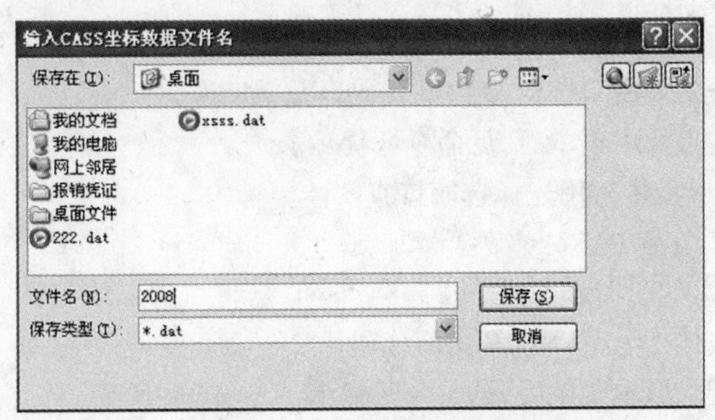

图 6-39　“输入 CASS 坐标数据文件名”对话框

(3)先在电脑上按回车键,再在全站仪上按 F3“是”键，之后数据开始导出。数据全部导出后,软件左下角出现如图 6-40 所示界面。

(4)在 CASS“绘图处理”菜单项下选“展野外测点点号”(见图 6-41),然后输入比例尺按回车键。

图 6-40　数据导出

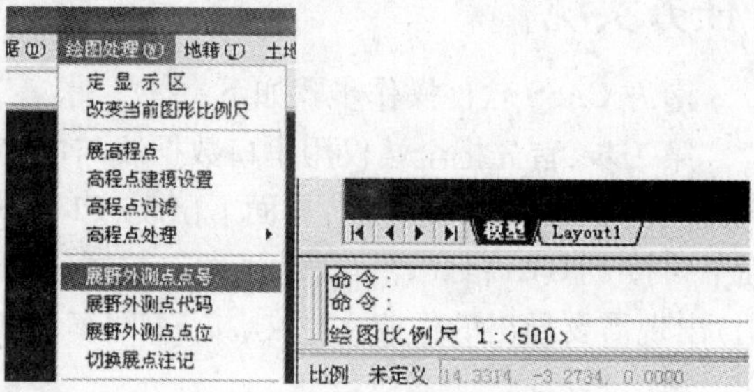

图 6-41　展野外测点点号

(5)选择刚才导出的 2008. dat 文件,如图 6-42 所示。

点击“打开”按钮,出现如图 6-43 所示界面,展点成功。

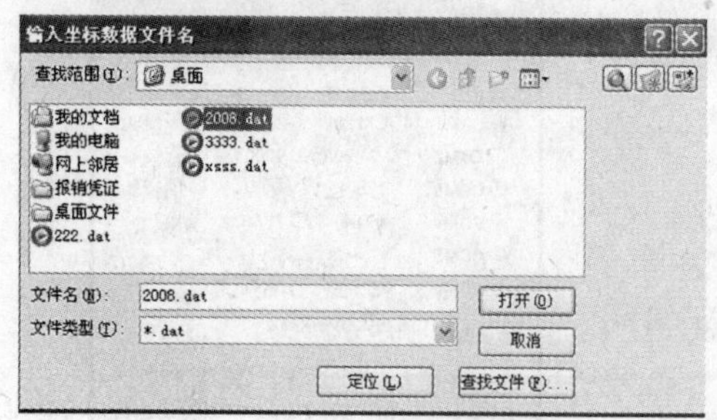

图 6-42　输入数据文件名

图 6-43　展点

【拓展提高】

其实,在数据菜单中还包括了许多 CASS7.0 面向数据的很多其他重要功能,菜单如图 6-44所示。现将本菜单中其他功能做简要介绍。

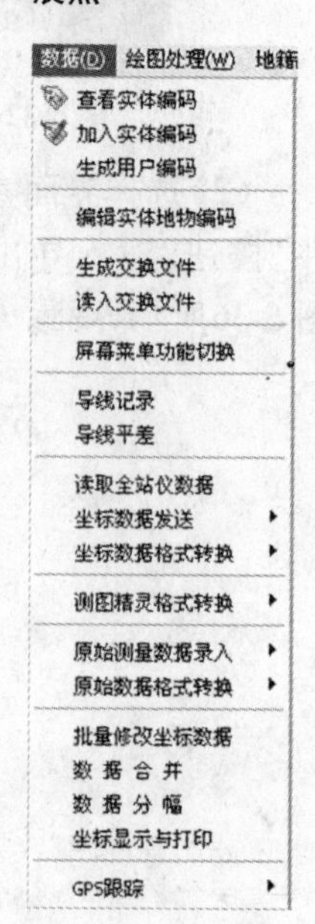

图 6-44　数据命令菜单

一、查看实体编码

功能:显示所查实体的 CASS7.0 内部代码以及文字说明。

操作过程:左键点取本菜单后,见命令区提示。

提示:“选择图形实体”,用光标选取待查实体。

二、加入实体编码

功能:为所选实体加上 CASS7.0 内部代码。

操作过程:左键点取本菜单后,见命令区提示。

提示:“输入代码(C)/ <选择已有地物>:”,这时用户有两种输入代码方式。

(1)若输入代码 C 后按回车键,则依命令栏提示输入代码后,选择要加入代码的实体即可。

(2)默认方式下为“选择已有地物”,即直接在图形上拾取具有所需属性代码的实体,将其赋予要加属性的实体。首先用鼠标拾取图上已有属性的地物,则系统自动读入该地物属性代码。此时依命令行提示选择需要加入代码的实体,则先前得到的代码便会被赋予这些实体。系统根据所输代码自动改变实体图层、线型和颜色。

三、生成用户编码

功能:将 index. ini 文件中对应图形实体的编码写到该实体的厚度属性中。

说明:此项功能主要为用户使用自己的编码提供可能。

四、编辑实体地物编码

功能:相当于“属性编辑”,用来修改已有地物的属性以及显示的方式。

首先点击“数据”→“编辑实体地物编码”,然后选择地物实体,当选择的是点状地物时,弹出如图 6-45 所示对话框,当修改对话框中的地物分类和编码后,地物会根据新的编码变换图层和图式;当修改符号方向后,点状地物会旋转相应的方向,也可以点击“...”按钮通过鼠标自行确定符号旋转的角度。

当选择的地物实体是线状地物时,弹出如图 6-46 所示的对话框,可以在其中修改实体的地物分类、编码和拟合方式,复选框“闭合”决定所选地物是否闭合,“线型生成”相当于“地物编辑”→“复合线处理”→“线性规范化”。

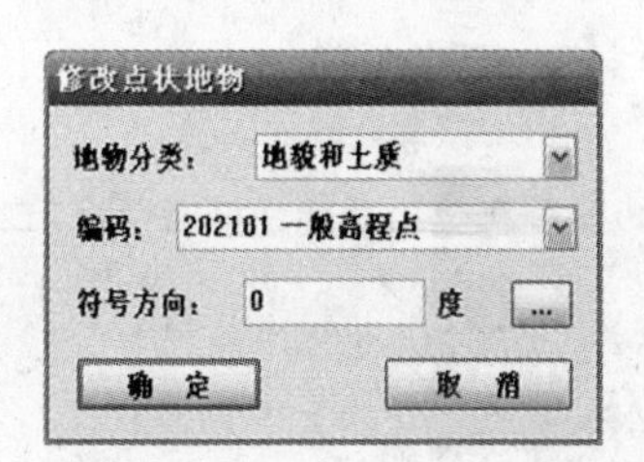

图 6-45　修改点状地物

图 6-46　修改线状地物

五、生成交换文件

功能:将图形文件中的实体转换成 CASS7. 0 交换文件。

操作过程:左键点取本菜单后,会弹出一个对话框,如图 6-47 所示。

在文件名栏中输入一个文件名后点击“保存(S)”按钮即可,生成过程中命令栏会提示正在处理的图层名。

六、读入交换文件

功能:将 CASS7. 0 交换文件中定义的实体画到当前图形中,和“生成交换文件”是一对相逆过程。

操作过程:用鼠标左键点击本菜单后,会弹出一个对话框,与图 6-47 相似。在文件名栏

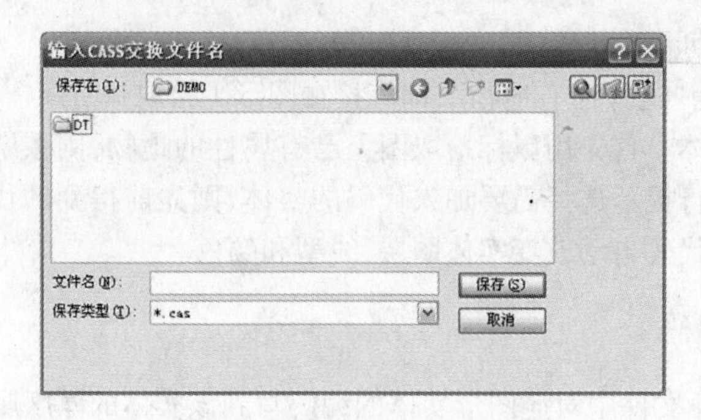

图6-47 “生成交换文件”对话框

中输入一个文件名后按打开即可。

七、屏幕菜单功能切换

功能:将屏幕菜单功能在绘制和匹配之间进行切换,匹配即将未加属性的是实体直接加上相应的属性。

操作过程:左键点取本菜单,弹出如图6-48所示对话框,在右侧屏幕菜单中选择要加入的地物属性或在命令行敲入“DD”按回车键后直接输入相应地物编码,则命令行提示:“Select objects”选择要加属性的实体(可多选)回车即可。再执行本菜单命令时切换到地物绘制状态如图6-49所示对话框。

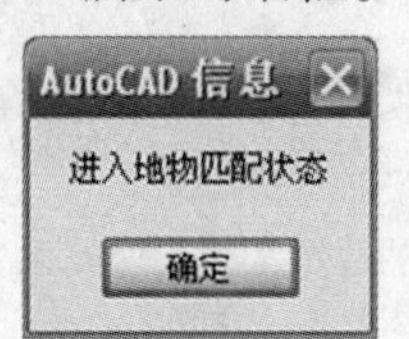

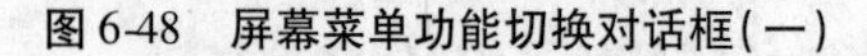

图6-48 屏幕菜单功能切换对话框(一)

图6-49 屏幕菜单功能切换对话框(二)

八、导线记录

功能:生成一个完整的导线记录文件用于导线的平差。

操作过程:用鼠标左键点取本命令后系统弹出如图6-50所示对话框。

导线记录文件名:将导线记录保存到一个文件中。点击…按钮,弹出如图6-51所示对话框,新建或选择一个导线记录文件(扩展名为.sdx)后保存。

起始站:输入导线开始的测站点和定向点坐标与高程,点击图上拾取按钮可直接在图上捕捉相应的测站点或定向点。

终止站:输入导线结束的测站点和定向点坐标与高程,点击图上拾取按钮可直接在图上捕捉相应的测站点或定向点。

测量数据:输入外业测得每站导线记录的数据,包括斜距、左角、竖直角、仪器高和棱镜高。每输完一站后点插入(I)按钮,若要更改或查看某站数据可点向上(P)或向下(N)按钮,若要删除某站数据,找到该站后点删除(D)按钮。记录完一条导线之后点存盘退出。若不想存盘,则可点放弃退出。

导线记录
导线记录文件名
起始站
测站点 图上拾取
X: 0
Y: 0
H: 0
定向点 图上拾取
X: 0
Y: 0
终止站
测站点 图上拾取
X: 0
Y: 0
H: 0
定向点 图上拾取
X: 0
Y: 0
测量数据
序号: 1 斜距: 0
左角: 0 仪器高: 0
垂直角: 0 棱镜高: 0
向上(P) 向下(N) 插入(I) 删除(D)
存盘退出 放弃退出

图 6-50 “导线记录”对话框

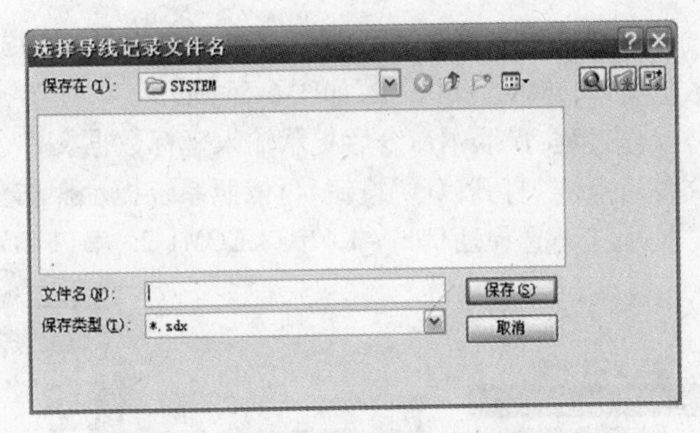

图 6-51 “选择导线记录文件名”对话框

九、导线平差

功能:对导线记录进行平差计算。

操作过程:左键点取本菜单命令后弹出如图 6-52 所示对话框。

选择导线记录文件,点击打开,系统自动处理后给出精度信息,如图 6-53 所示。

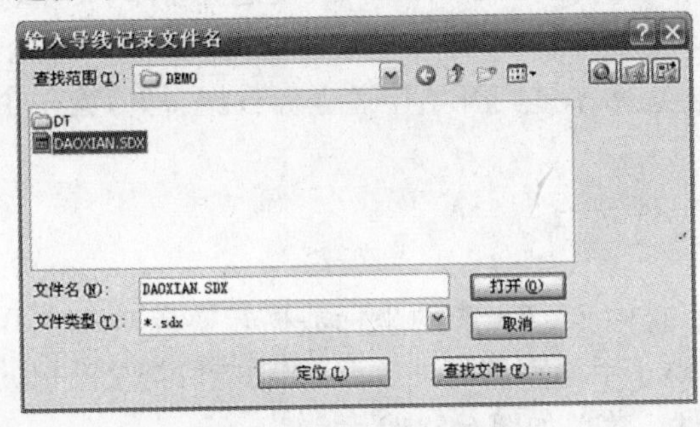

图 6-52 导线平差

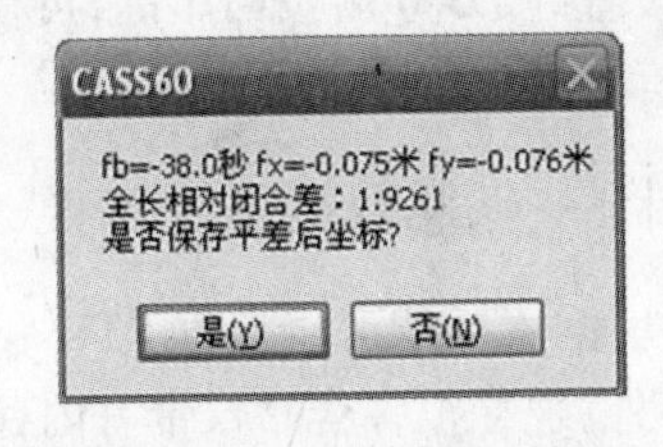

图 6-53 显示平差精度

如果符合要求,则点击“是(Y)”按钮后系统提示如图 6-54 所示,提示将坐标保存到文件中。

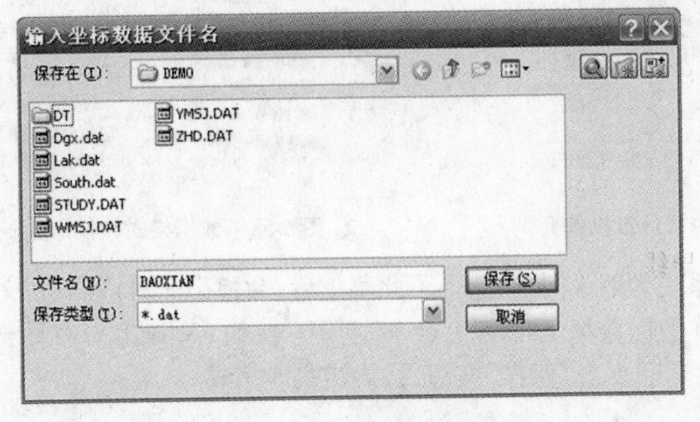

图 6-54 保存坐标数据

十、坐标数据发送

功能:将 CASS 中坐标数据直接发送到电子手簿或带内存的全站仪中或者将微机的坐标数据文件传输到 E500 中,如图 6-55 所示。

操作过程:点取本命令后提示输入坐标数据文件名,出现如图 6-56 所示界面,选择相应的文件后点击“打开(O)”按钮,再依照系统提示操作。

提示:“请选择通信口:1. 串口 COM1 2. 串口 COM2 <1>:”选择串口。

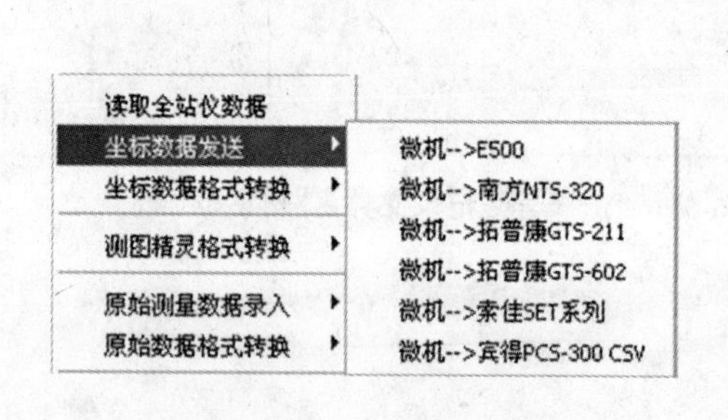

图 6-55　坐标数据发送子菜单

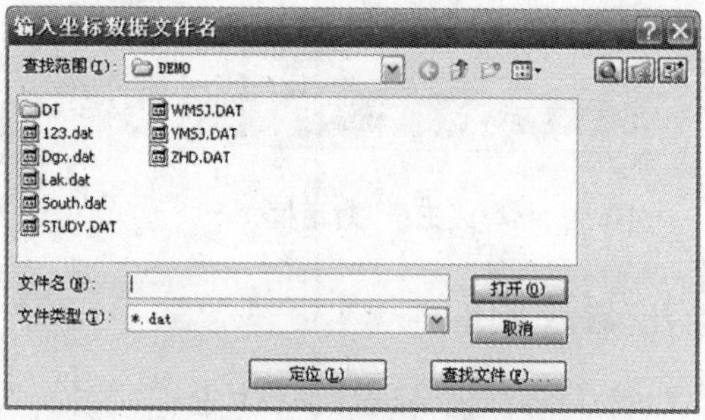

图 6-56　提示输入要保存到的目标文件名

“请选择波特率:(1). 1200(2). 2400(3). 4800(4). 9600 <1>:”设定波特率,则系统弹出如图 6-57 所示对话框。

设置好 E500 后按回车键,再在计算机上按回车键则开始传送坐标数据,每传输一个点的坐标,E500 会鸣一声。

十一、坐标数据格式转换

功能:本功能可将南方 RTK 和海洋成图软件 S-CASS 的坐标数据转换成 CASS7.0 格式,另外,现在很多全站仪带有内存,可代替电子手簿存储野外数据,本功能可把全站仪的坐标数据文件转换成 CASS7.0 的坐标数据文件。菜单如图 6-58 所示。

图 6-57　E500 等待计算机信号

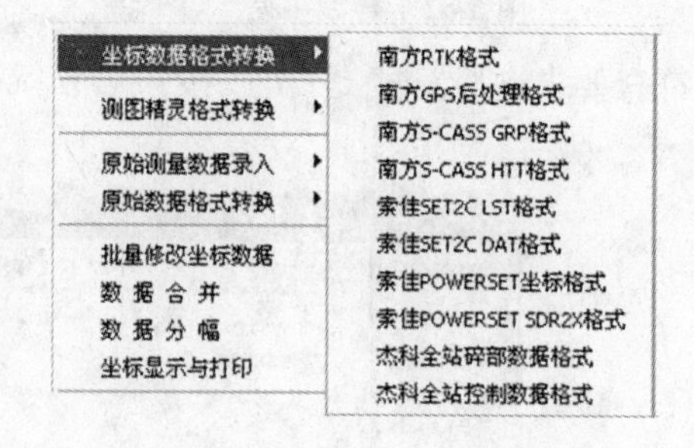

图 6-58　数据格式转换命令子菜单

以索佳 SET 系列为例说明,当选择了此菜单后,会弹出一对话框,在文件名栏中输入相应的索佳 SET2100 坐标数据文件名后点击“打开”按钮,又弹出一对话框,输入要转换的 CASS7.0 数据文件名后点击“保存”按钮,格式转换即完成。

十二、测图精灵格式转换

功能:将测图精灵(南方测绘仪器公司的野外采集器)采集的数据图形传输到 CASS 成

图软件中出图。

操作过程:将测图精灵与计算机连接好后(连接方法详见第三章),将采集到的图形文件(*.spd 文件)拷贝到计算机。再执行本菜单的"读入"命令,则依系统提示选择 *.spd 文件,读入 CASS 后生成 *.dwg 文件。若将 *.dwg 转换为 *.spd,则使用子菜单中"读出"命令,再将该文件拷贝到测图精灵中。

十三、原始测量数据录入

功能:此项菜单和下一项菜单主要是为使用光学仪器的用户提供一个将原始测量数据向 CASS7.0 格式数据转换的途径。

操作过程:执行本菜单后,会弹出一对话框,如图 6-59 所示。

在文件名栏中填入文件名后点击"保存"按钮,则所录入的原始测量数据将会被存入此文件中。随后又会弹出一个对话框,如图 6-60 所示。按要求将原始数据填入各栏中。每输入一个碎部点的测量信息点击"记录"按钮写入文件,如果搬站,则更新测站信息。所有数据输入完毕后点击"退出"按钮确认退出。

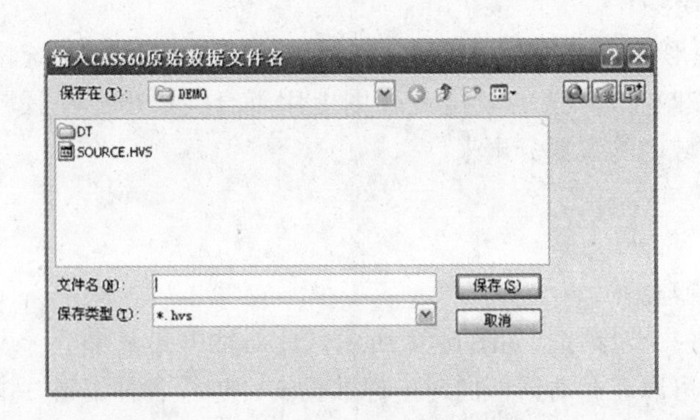

图 6-59 保存原始测量数据提示

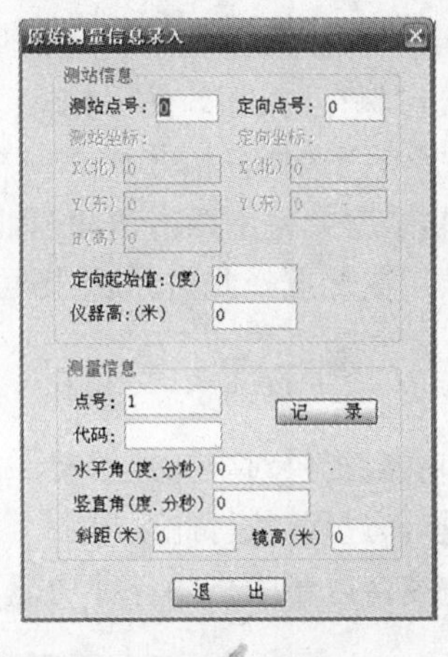

图 6-60 "录入原始测量数据"对话框

十四、原始数据格式转换

功能:将原始测量数据转换为 CASS7.0 格式的坐标数据。现支持测距仪和经纬仪视距法两种操作方式。

操作过程:执行本菜单后,会弹出一个对话框,在文件名栏中输入待转换的原始测量数据文件名后,点击"打开"按钮。再弹出一个对话框,要求输入转换后的文件名,在文件名栏中输入相应的文件名后,点击"保存"按钮即可。

十五、批量修改坐标数据

功能:可以通过加固定常数、乘固定常数、XY 交换三种方法批量修改所有数据或高程为 0 的数据。

操作过程:用鼠标左键点击本菜单,弹出如图 6-61 所示对话框。首先选择原始数据文件名、更改后数据文件名、需要处理的数据类型和修改类型,然后在相应的方框内输入改正值,点击“确定”即完成批量修改坐标数据功能。

十六、数据合并

功能:将不同观测组的测量数据文件合并成一个坐标数据文件,以便统一处理。

操作过程:执行此菜单后,会依次弹出多个对话框,根据提示依次输入坐标数据文件名、坐标数据文件名二和合并后的坐标数据文件名。

说明:数据合并后,每个文件的点名不变,以确保与草图对应,所以点名可能存在重复现象。

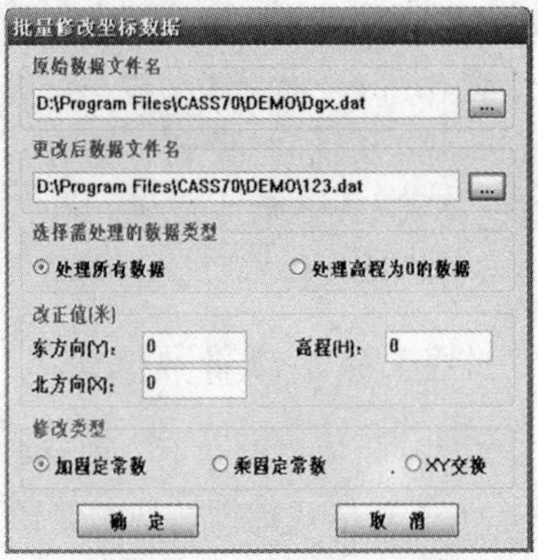

图 6-61　“批量修改坐标数据”对话框

十七、数据分幅

功能:将坐标数据文件按指定范围提取,生成一个新的坐标数据文件。

操作过程:执行此菜单后,会弹出一个对话框,要求输入待分幅的坐标数据文件名,输入后点击“打开”按钮,随即又会弹出一个对话框,要求输入生成的分幅坐标数据文件名,输入后点击“保存”按钮。然后见命令区提示:

提示:“选择分幅方式:(1)根据矩形区域(2)根据封闭复合线 <1 >:”如选(1),系统将提示输入分幅范围西南角和东北角的坐标。如选(2),应先在图上用复合线绘出分幅区域边界,用鼠标选择此边界后,即可将区域内的数据分出来。

十八、坐标显示与打印

功能:提供对坐标数据文件的查看与编辑。

操作过程:执行此菜单后,会弹出一个对话框,如图 6-62 所示。此对话框是一个电子表格,它支持电子表格的各种功能,用户可以在此对话框内对坐标数据文件进行各种编辑。

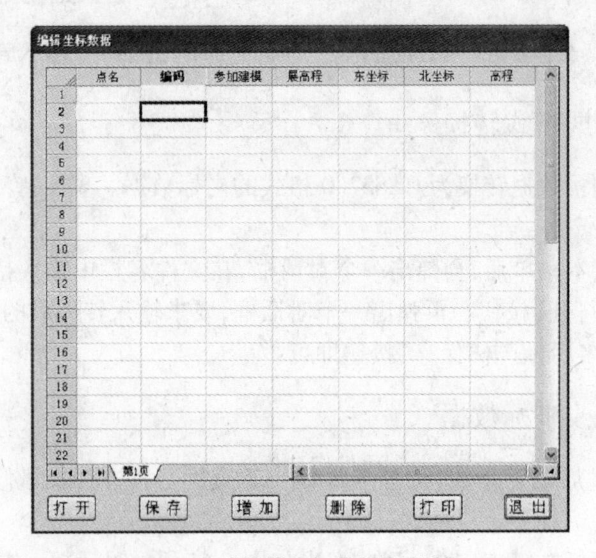

图 6-62　“编辑坐标数据”对话框

数据文件打开之后,用户可以增加需要的点数据,当然也可以删除冗余的测量点数据。修改完成之后,点击"保存"按钮就可以将修改结果写进数据文件中了。现对各按钮进行说明:

"点名":每个地物点的点名或者是点号。

"编码":地物点的地物编码,主要用于自动绘制平面图。

"参加建模":此项的值是"是",则此点将参加三角形建网;如是"否",则不参与三角形的建网。

"展高程":此项的值是"否",则此点将在展高程点时不展绘出来;如是"是",则展绘出来。

"东坐标":测量坐标 *Y* 坐标。

"北坐标":测量坐标 *X* 坐标。

"高程":地物点的高程。

十九、GPS 跟踪

功能:用于 GPS 移动站与 CASS7.0 的连接。菜单如图 6-63 所示。

(一)GPS 设置

功能:用于 GPS 移动站与 CASS7.0 连接工作时,设置 GPS 信号发送间隔,一般选 1 ~ 10 s,默认值是 3 s。

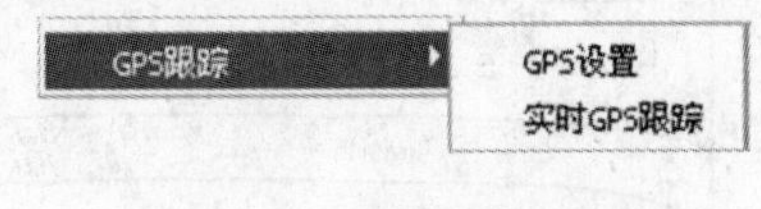

图 6-63　GPS 跟踪子菜单

操作过程:执行此菜单后,见命令区提示。

提示:"输入 GPS 发送间隔:(1 - 10 秒) <3>" 输入发射间隔时间。

(二)实时 GPS 跟踪

功能:用于将装有 CASS7.0 的便携机与 GPS 移动站相连,每隔一个时间间隔(如 3 s)接收一次 GPS 信号,并将其自动解算成坐标数据,在地形图上以一个小十字符号实时表示当前所处的位置。同时可选择将坐标数据存入 CASS7.0 的数据格式文件中。另外,本功能还可以实时算出一个区域的面积、周长、线长。

操作过程:执行此菜单后,会弹出一对话框,输入要保存坐标的数据文件名,再根据命令行提示输入中央子午线经度即可。

【课后自测】

读全站仪数据时出现"数据格式不对"的提示信息,请列出可能导致出现该问题的因素以及调整方法。

任务四　平面图的绘制

【任务描述】

利用 CASS 中提供的"草图法"成图作业方式将地物定位点和邻近地物(形)点显示在当前图形编辑窗口中,并进行编辑、处理,形成平面图。

【任务解析】

本任务中首先要确定计算机内是否有要处理的坐标数据文件,即是否将野外观测的坐标数据从电子手簿或带内存的全站仪传到计算机上来。如果没有,则要进行数据通信。在数据的具体处理中,注意操作规范以及相应地物的表达方式的选择。

【相关知识】

在绘制平面图之前,首先要进行相应数据的采集与整理。要严格依照控制测量和碎部测量的原则进行数据采集。当在一个测区内进行等级控制测量时,应该尽可能多选制高点(如山顶或楼顶),在规范或甲方允许范围内布设最大边长,以提高等级控制点的控制效率。完成等级控制测量后,可用辐射法布设图根点,点位及点的密度完全按需要而测设,灵活多变。在进行碎部测量时,对于比较开阔的地方,在一个制高点上可以测完大半幅图,就不要因为距离“太远”(其实也不过几百米)而忙于搬站,如图 6-64 所示。对于比较复杂的地方,就不要因为“麻烦”(其实也浪费不了几分钟)而不愿搬站,要充分利用电子手簿的优势和全站仪的精度,测一个支导线点是很容易的,如图 6-65 所示。

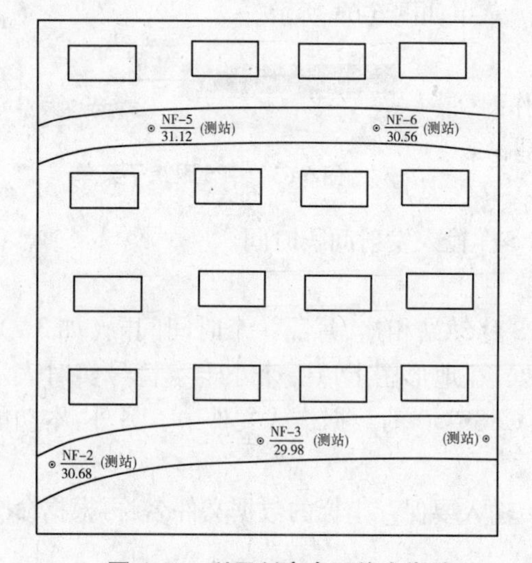

图 6-64　利用制高点可能少搬站

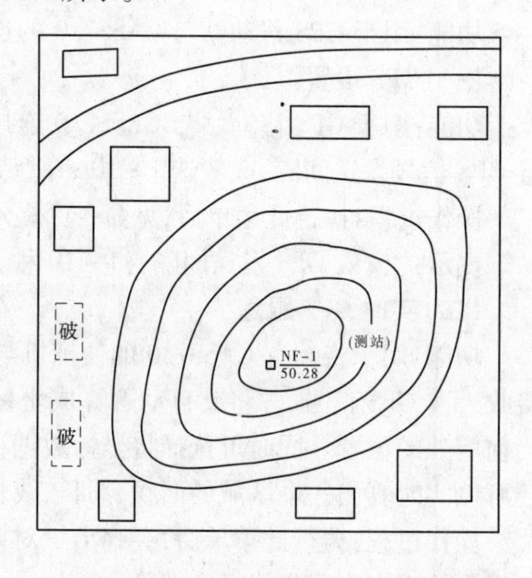

图 6-65　地物较多时可能要经常搬站

平板测图是把测区按标准图幅划分成若干幅图,再一幅一幅往下测,如图 6-66 所示。

数字化测图是以路、河、山脊等为界线,以自然地块进行分块测绘的,如图 6-67 所示。例

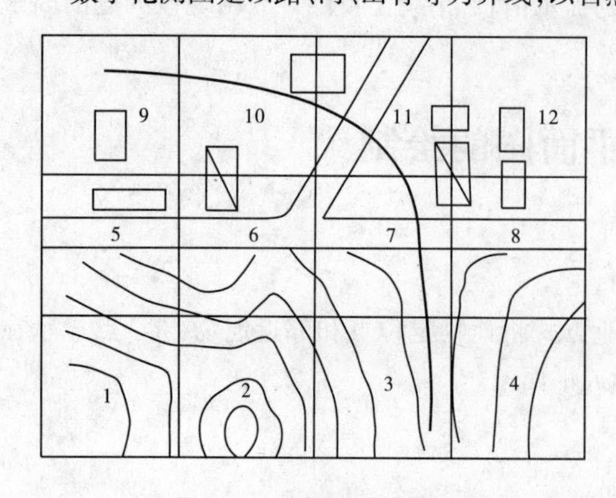

图 6-66　平板测图的分幅

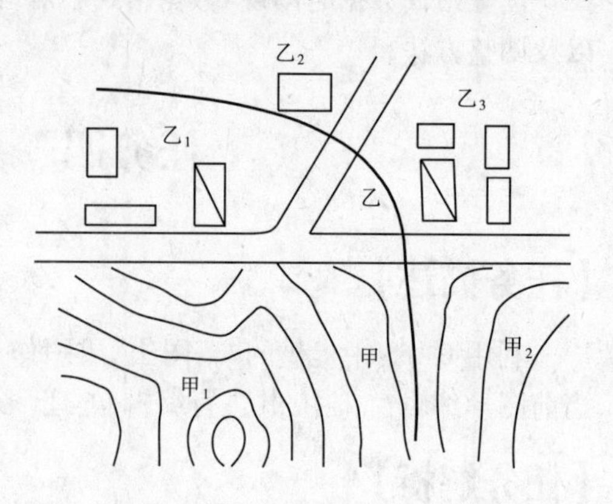

图 6-67　数字化测图的分块测量

如:有甲、乙两个作业小队,甲队负责路南区域,乙队负责路北区域(包括公路)。甲队再以山谷和河为界,乙队再以公路和河为界,分块、分期进行测绘。

数字化测图的碎部测量数据采集一般用全站仪或速测仪等电子仪器进行,工作时应将全站仪与南方电子手簿用数据传输电缆正确地连接,如果采用带内存的全站仪,则不用接电子手簿;当地物比较规整时,如图6-68所示,可以采用“简码法”模式,在现场可输入简码,室内自动成图。与图6-68对应的各测点的简码见表6-1。当地物比较杂乱时,如图6-69所示,最好采用“草图法”模式,现场绘制草图,室内用编码引导文件(如表6-2所示的样本)或用测点点号定位方法成图。

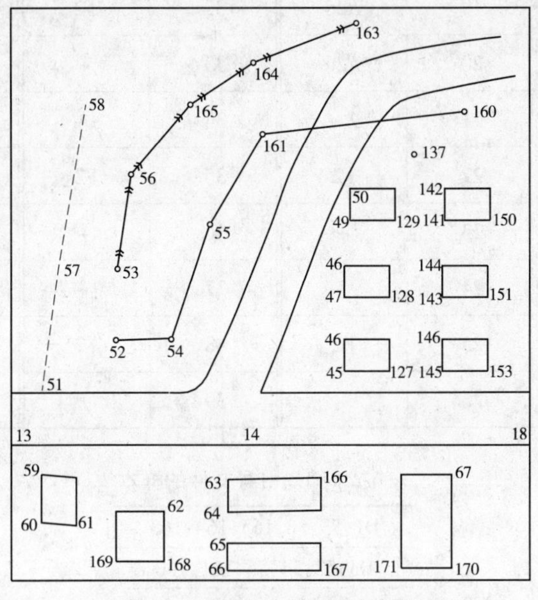

图6-68　地物比较规整的情况

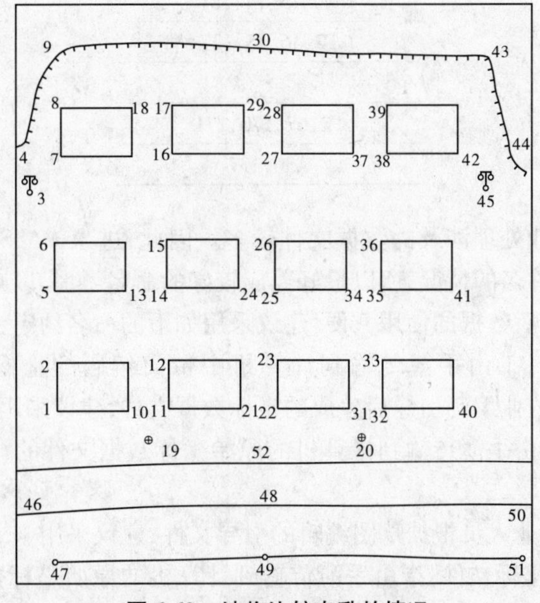

图6-69　地物比较杂乱的情况

表 6-1 草图的简码

1	F2	14	F2	27	F2	40	7 –
2	+	15	+	28	+	41	5 –
3	A70	16	F2	29	11 +	42	3 –
4	K0	17	+	30	20 –	43	12 –
5	F2	18	9 +	31	8 –	44	–
6	+	19	A26	32	F2	45	A70
7	F2	20	A26	33	+	46	X0
8	+	21	9 –	34	8 –	47	D3
9	4 –	22	F2	35	F2	48	1 +
10	8 –	23	+	36	+	49	1 +
11	F2	24	9 –	37	9 –	50	1 +
12	+	25	F2	38	F2	51	1 +
13	7 –	26	+	39	+	52	1P

表 6-2 编码引导文件的样本

D1,53,56,165,164,163
D3,52,54,55,161,160
X2,51,57,58
X0,13,14,181
F2,46,45,127
⋮
F2,67,170,171
A30,137

数字化测图的内业处理涉及的数据文件较多。因此,进入 CASS7.0 成图系统后,将面临输入各种各样的文件名的情况,所以最好养成较好的命名习惯,以减少内业工作中不必要的麻烦。所以,为了今后数据的使用方便,建议采用如下的命名约定:

简编码坐标文件:①由手簿传输到计算机中带简编码的坐标数据文件,建议采用 *JM. DAT格式;②由内业编码引导后生成的坐标数据文件,建议采用 *YD. DAT 格式。

坐标数据文件:指由手簿传输到计算机的原始坐标数据文件的一种,建议采用 *. DAT 格式。

引导文件:指由作业人员根据草图编辑的引导文件,建议采用 *. YD 格式。

坐标点(界址点)坐标文件:指由手簿传输到计算机的原始坐标数据文件的一种,建议采用 *. DAT 格式。

权属引导信息文件：指作业人员在作权属地籍图时根据草图编辑的权属引导信息文件，建议采用 * DJ. YD 格式。

权属信息文件：指由权属合并或由图形生成权属形成的文件，建议采用 *. QS 格式。

图形文件：凡是 CASS7. 0 绘图系统生成的图形文件，规定采用 *. DWG 格式。

【任务实现】

一、数据通信

数据通信的作用是完成电子手簿或带内存的全站仪与计算机两者之间的数据相互传输。南方公司开发的电子手簿载体有 PC - E500、HP2110、MG（测图精灵）。

现主要对计算机与 PC - E500 电子手簿进行通信做详细操作介绍，其与带内存的全站仪和测图精灵的通信将在后面的拓展训练里做简单介绍。

数据可以由 PC - E500 向计算机传输，将数据存在计算机的硬盘供计算机后处理，也可以将计算机中的数据由计算机向 PC - E500 传输（如将在计算机平差好的已知点数据传给 PC - E500）。进行数据通信操作之前，首先用 E5 - 232C 电缆把电子手簿（PC - E500）与计算机的串口连上，然后打开计算机进入 Windows 系统，打开进入 CASS7. 0 成图系统，此时屏幕上将出现系统的操作界面。

（1）移动鼠标至“数据”处按鼠标左键，便出现如图 6-70 所示的下拉菜单。

需要注意的是，使用快捷键“Alt + D”也是可以执行这一功能的，即在按下“Alt”键的时候按下“D”键。

（2）移动鼠标至“读取全站仪数据”项，该处以高亮度（深蓝）显示，按鼠标左键，这时便出现如图 6-71 所示的对话框。

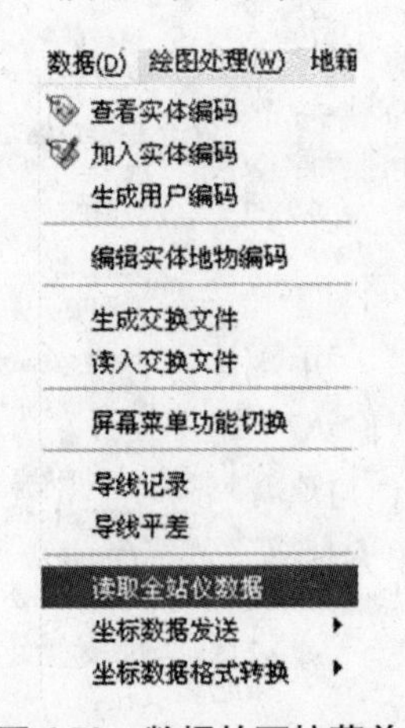

图 6-70　数据的下拉菜单

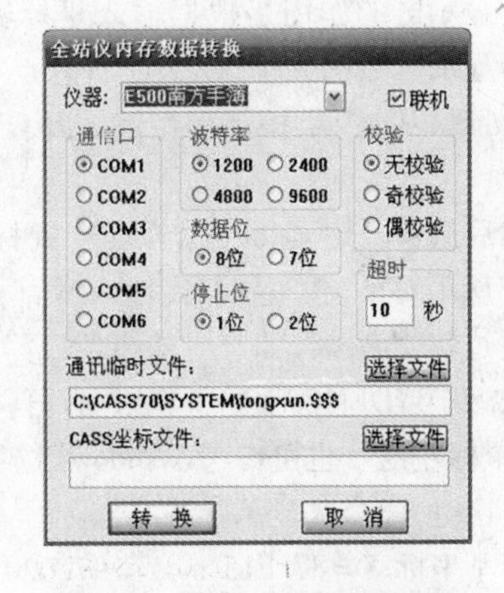

图 6-71　全站仪内存数据转换

（3）在“仪器”下拉列表中找到“E500 南方手簿”，点击鼠标左键。然后检查通信参数是否设置正确。接着在对话框最下面的“CASS 坐标文件：”下的空栏里输入想要保存的文件名（要留意文件的路径，为了避免找不到文件，可以输入完整的路径）。最简单的方法是点击“选择文件”按钮，出现如图 6-31 所示的对话框，在“文件名（N）：”后输入想要保存的文件名，点击“保存”按钮。这时，系统已经自动将文件名填在了“CASS 坐标文件：”下的空白处。

这样就省去了手工输入路径的步骤。

输完文件名后移动鼠标至“转换”处，按左键（或者直接按回车键）便出现图 6-32 的提示。如果输入的文件名已经存在，则屏幕会弹出警告信息。当不想覆盖原文件时，点击“否(N)”按钮，即返回如图 6-31 所示对话框，重新输入文件名。当想覆盖原文件时，点击“是(Y)”按钮即可。

(4)如果仪器选择错误，会导致传到计算机中的数据文件格式不正确，这时会出现如图 6-34所示的对话框。

(5)操作 PC－E500 电子手簿，做好通信准备，在 E500 上输入本次传送数据的起始点号后，然后先在计算机上按回车键再在 PC－E500 上按回车键。命令区便逐行显示点位坐标信息，直至通信结束。

二、内业成图

“草图法”工作方式要求外业工作时，除安排测量员和跑尺员外，还要安排一名绘草图的人员，在跑尺员跑尺时，绘图员要标注出所测地物的属性信息及记下所测点的位置信息即点号，在测量过程中要和测量员及时联系，使草图上标注的某点点号要和全站仪里记录的点号一致，而在测量每一个碎部点时不用在电子手簿或全站仪里输入地物编码，故又称为“无码方式”。“草图法”在内业工作时，根据作业方式的不同，分为“点号定位”、“坐标定位”、“编码引导”几种方法。

(一)“点号定位”法作业流程

1. 定显示区

定显示区的作用是根据输入坐标数据文件的数据大小定义屏幕显示区域的大小，以保证所有点可见。首先移动鼠标至“绘图处理(W)”项，按鼠标左键，即出现如图 6-72 所示下拉菜单。

然后选择“定显示区”项，按鼠标左键，即出现一个如图 6-73所示对话窗。这时，需输入碎部点坐标数据文件名。可直接通过键盘输入，如在“文件(N)：”(即光标闪烁处)输入 C:\CASS7.0\DEMO\YMSJ. DAT 后再移动鼠标至“打开(O)”处，按鼠标左键。也可参考 Windows 选择打开文件的操作方法操作。这时，命令区显示：

最小坐标 $X=87.315$ m，$Y=97.020$ m

最大坐标 $X=221.270$ m，$Y=200.00$ m

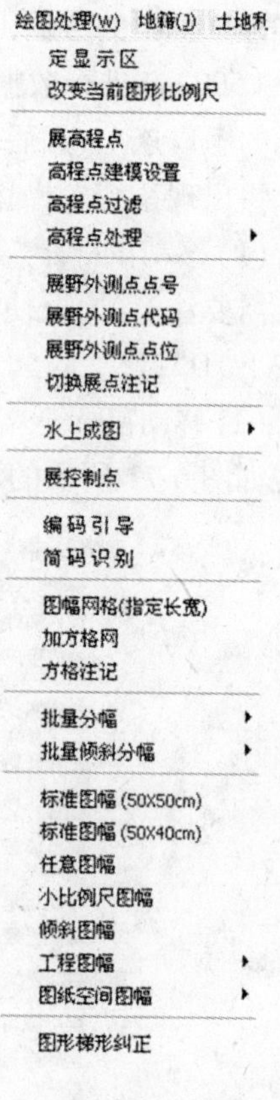

绘图处理(W) 地籍(J) 土地利
定显示区
改变当前图形比例尺
展高程点
高程点建模设置
高程点过滤
高程点处理 ▸
展野外测点点号
展野外测点代码
展野外测点点位
切换展点注记
水上成图 ▸
展控制点
编码引导
简码识别
图幅网格(指定长宽)
加方格网
方格注记
批量分幅 ▸
批量倾斜分幅 ▸
标准图幅 (50X50cm)
标准图幅 (50X40cm)
任意图幅
小比例尺图幅
倾斜图幅
工程图幅 ▸
图纸空间图幅 ▸
图形梯形纠正

图 6-72　数据处理下拉菜单

2. 选择测点点号定位成图法

移动鼠标至屏幕右侧菜单区的“坐标定位/点号定位”项，按鼠标左键，即出现如图 6-73 所示的对话框。

输入点号坐标点数据文件名 C:\CASS7.0\DEMO\YMSJ. DAT 后，命令区提示：“读点完成”。此次利用系统自带的练习数据共读入 60 点。

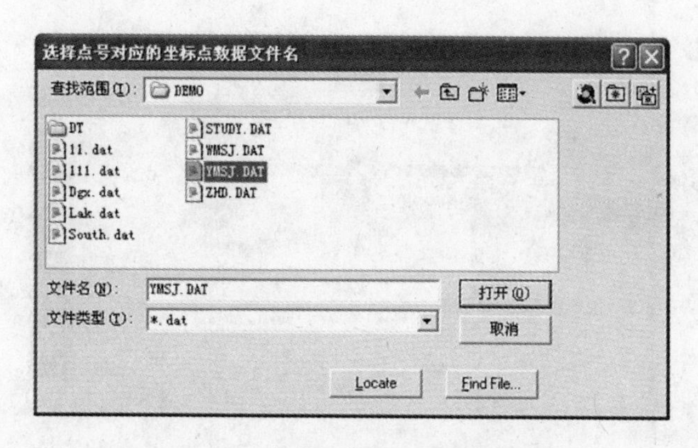

图 6-73　选择测点点号定位成图法

3. 绘平面图

根据野外作业时绘制的草图,移动鼠标至屏幕右侧菜单区选择相应的地形图图式符号,然后在屏幕中将所有的地物绘制出来。系统中所有地形图图式符号都是按照图层来划分的,例如所有表示测量控制点的符号都放在“控制点”这一层,所有表示独立地物的符号都放在“独立地物”这一层,所有表示植被的符号都放在“植被园林”这一层。

(1)为了更加直观地在图形编辑区内看到各测点之间的关系,可以先将野外测点点号在屏幕中展出来。其操作方法是:先移动鼠标至屏幕的顶部菜单“绘图处理(W)”项按左键,这时系统弹出一个下拉菜单。再移动鼠标选择“展点”项的“野外测点点号”项按鼠标左键,便出现如图 6-71 所示的对话框。输入对应的坐标数据文件名 C:\CASS7.0\DEMO\YMSJ.DAT 后,便可在屏幕展出野外测点的点号。

(2)根据外业草图,选择相应的地图图式符号在屏幕上将平面图绘出来。如图 6-74 所示的,由 33、34、39、35 号点连成一间普通房屋。移动鼠标至右侧菜单“居民地/一般房屋”处按左键,系统便弹出如图 6-75 所示对话框。再移动鼠标到“四点房屋”的图标处按左键,图标变亮表示该图标已被选中,然后移鼠标至“OK”处按左键。这时命令区提示:

“绘图比例尺 1:”输入 1 000,回车。根据系统命令行的提示:“1. 已知三点/2. 已知两点及宽度/3. 已知四点 <1>:”输入 1,回车(或直接回车默认选 1)。其中:已知三点是指测矩形房子时测了三个点,已知两点及宽度则是指测矩形房子时测了两个点及房子的一条边,已知四点则是测了房子的四个角点。“点 P/<点号>”输入 33,回车。说明:点 P 是指根据实际情况在屏幕上指定一个点;点号是指绘地物符号定位点的点号(与草图的点号对应),此处使用点号。“点 P/<点号>”输入 34,回车。“点 P/<点号>”输入 35,回车。

这样,即将 33、34、35 号点连成一间普通房屋。

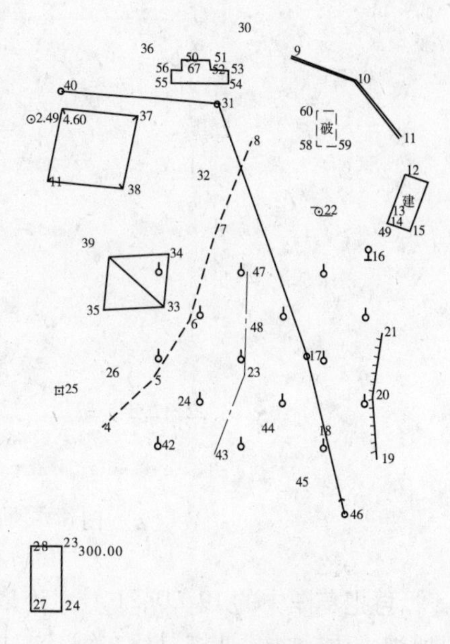

图 6-74　外业作业草图

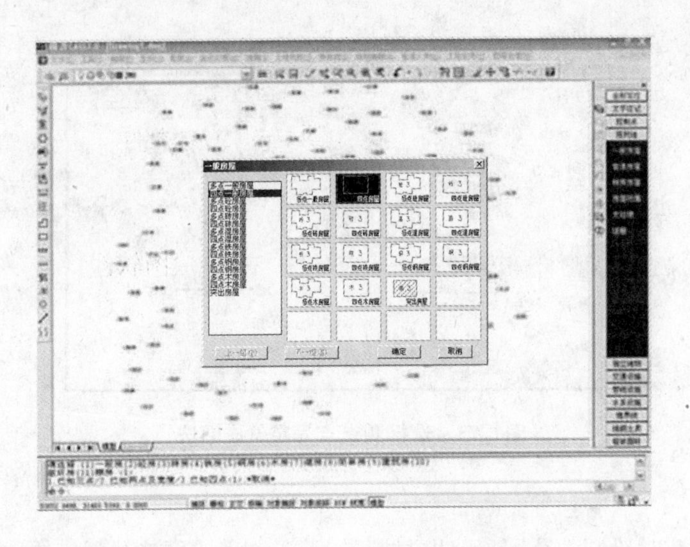

图 6-75 “居民地/一般房屋”图层图例

注意:(1)当房子是不规则的图形时,可用“实线多点房屋”或“虚线多点房屋”来绘。

(2)绘房子时,输入的点号必须按顺时针或逆时针的顺序输入,如上例的点号按 34、33、35 或 35、33、34 的顺序输入,否则绘出来房子就不对。重复上述操作,将 37、38、41 号点绘成四点棚房;60、58、59 号点绘成四点破坏房子;12、14、15 号点绘成四点建筑中房屋;50、52、51、53、54、55、56、57 号点绘成多点一般房屋;27、28、29 号点绘成四点房屋。同样,在“居民地/垣栅”层找到“依比例围墙”的图标,将 9、10、11 号点绘成依比例围墙的符号;在“居民地/垣栅”层找到“篱笆”的图标,将 47、48、23、43 号点绘成篱笆的符号。完成这些操作后,其平面图如图 6-76 所示。

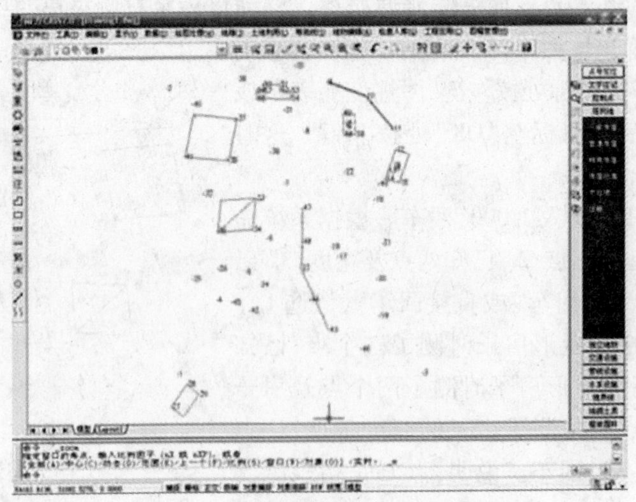

图 6-76 用“居民地”图层绘的平面图

再把草图中的 19、20、21 号点连成一段陡坎,其操作方法:先移动鼠标至右侧屏幕菜单“地貌土质/坡坎”处按鼠标左键,这时系统弹出如图 6-75 所示的对话框。

(二)“坐标定位”法作业流程

1. 定显示区

此步操作与“点号定位”法作业流程的“定显示区”的操作相同。

2. 选择坐标定位成图法

移动鼠标至屏幕右侧菜单区的“坐标定位”项,按鼠标左键,即进入“坐标定位”项的菜单。如果刚才在“测点点号”状态下,可通过选择“CASS7.0 成图软件”按钮返回主菜单之后再进入“坐标定位”菜单。

3. 绘平面图

与“点号定位”法成图流程类似,需先在屏幕上展点,根据外业草图,选择相应的地图图式符号在屏幕上将平面图绘出来;与“点号定位”法的区别在于不能通过测点点号来进行定位。仍以作居民地为例讲解。移动鼠标至右侧菜单“居民地”处按鼠标左键,系统便弹出对话框。再移动鼠标到“四点房屋”的图标处按鼠标左键,图标变亮表示该图标已被选中,然后移鼠标移至 OK 处按左键。这时命令区提示:“1. 已知三点/2. 已知两点及宽度/3. 已知四点 <1>:”输入 1,回车(或直接回车默认选 1)。“输入点:”移动鼠标至右侧屏幕菜单的“捕捉方式”项,单击鼠标左键,弹出如图 6-77 所示的对话框。再移动鼠标到“NOD”(节点)的图标处按鼠标左键,图标变亮表示该图标已被选中,然后移鼠标至 OK 处按左键。这时鼠标靠近 33 号点,出现黄色标记,点击鼠标左键,完成捕捉工作。

“输入点:”同上操作捕捉 34 号点。

“输入点:”同上操作捕捉 35 号点。

这样,即将 33、34、35 号点连成一间普通房屋。

注意:在输入点时,嵌套使用了捕捉功能,选择不同的捕捉方式会出现不同形式的黄颜色光标,适用于不同的情况。命令区要求“输入点”时,也可以用鼠标左键在屏幕上直接点击,为了精确定位也可输入实地坐标。下面以“路灯”为例进行演示。移动鼠标至右侧屏幕菜单“独立地物/公共设施”处按左键,这时系统便弹出“公共设施”的对话框,如图 6-78 所示,移动鼠标到“路灯”的图标处按左键,图标变亮表示该图标已被选中,然后移鼠标至“确定”处按左键。这时命令区提示:

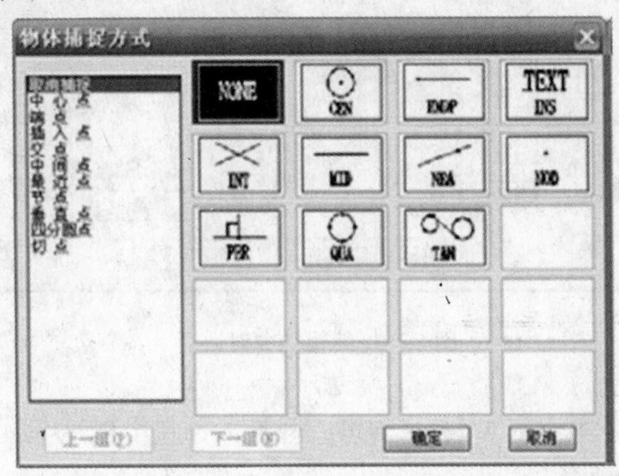

图 6-77 “物体捕捉方式”选项

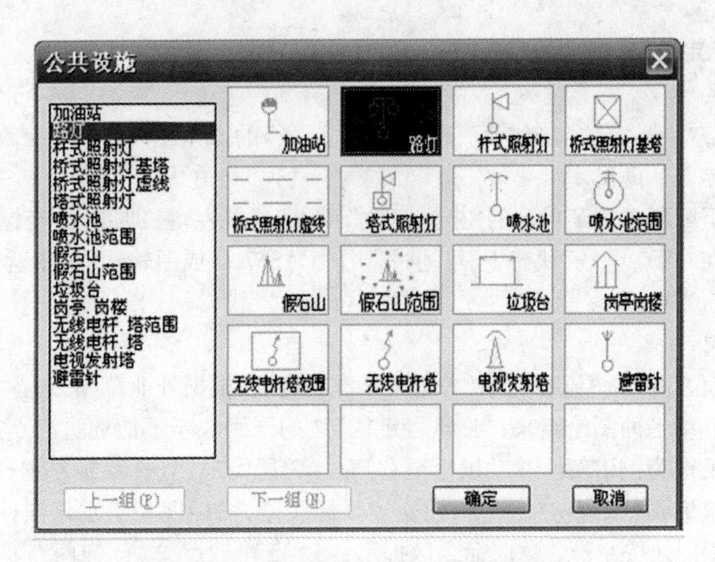

图 6-78 “独立地物/公共设施”图层图例

“输入点:”输入 143.35,159.28,回车。

这时就在(143.35,159.28)处绘好了一个路灯。

注意:随着鼠标在屏幕上移动,左下角提示的坐标实时变化。

(三)“编码引导”法作业流程

“编码引导”法作业方式也称为“编码引导文件+无码坐标数据文件自动绘图方式”。

1. 编辑引导文件

(1)移动鼠标至绘图屏幕的顶部菜单,选择“编辑”中的“编辑文本文件”项,该处以高亮度(深蓝)显示,按鼠标左键,屏幕命令区出现如图 6-79 所示对话框。

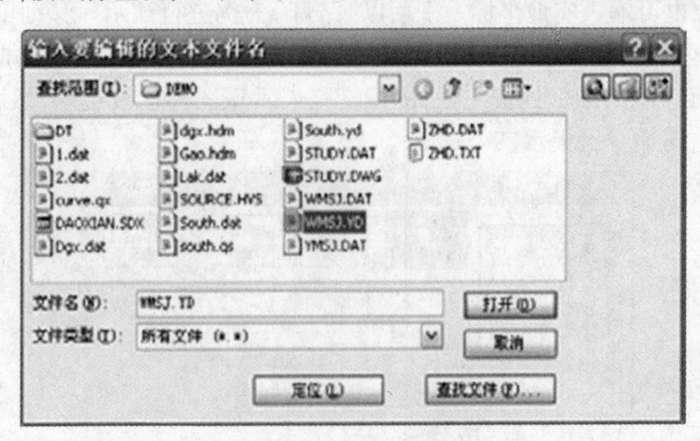

图 6-79 编辑文本对话框

以 C:\CASS7.0\DEMO\WMSJ.YD 为例。屏幕上将弹出记事本,这时根据野外作业草图,编辑好文件。

(2)移动鼠标至“文件(F)”项,按左键便出现文件类操作的下拉菜单,然后移动鼠标至“退出(X)”项,其中需要注意的是:每一行表示一个地物;每一行的第一项为地物的“地物代码”,以后各数据为构成该地物的各测点的点号(依连接顺序的排列);同一行的数据之间用逗号分隔;表示地物代码的字母要大写;用户可根据自己的需要定制野外操作简码,通过更改 C:\CASS7.0\SYSTEM\JCODE.DEF 文件即可实现。

2. 定显示区

此步操作与“点号定位”法作业流程的“定显示区”的操作相同。

3. 编码引导

编码引导的作用是将“引导文件”与“无码的坐标数据文件”合并生成一个新的带简编码格式的坐标数据文件。这个新的带简编码格式的坐标数据文件在下一步“简码识别”操作时将要用到。

(1)移动鼠标至绘图屏幕的最上方,选择“绘图处理”项,按鼠标左键。

(2)将光标移至“编码引导”项,该处以高亮度(深蓝)显示,点击鼠标左键,即出现如图 6-80所示对话窗。输入编码引导文件名 C:\CASS7.0\DEMO\WMSJ.YD,或通过 Windows 窗口操作找到此文件,然后点击“确定”按钮。

(3)屏幕出现如图 6-81 所示对话框,要求输入坐标数据文件名,此时输入 C:\CASS7.0\DEMO\WMSJ.DAT。

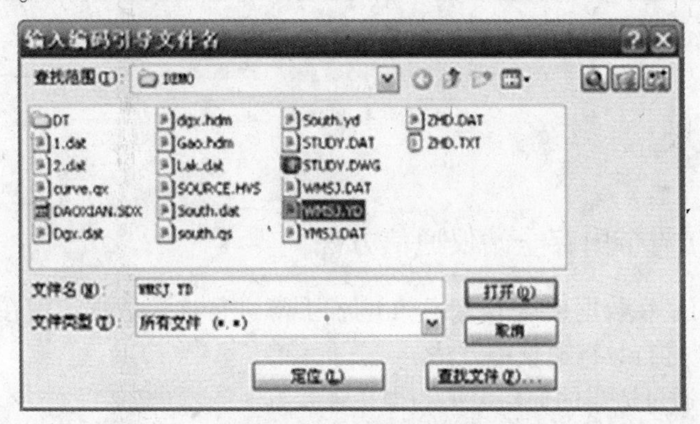

图 6-80　输入编码引导文件

图 6-81　输入坐标数据文件

(4)屏幕按照上述两个文件自动生成图形,如图 6-82 所示。

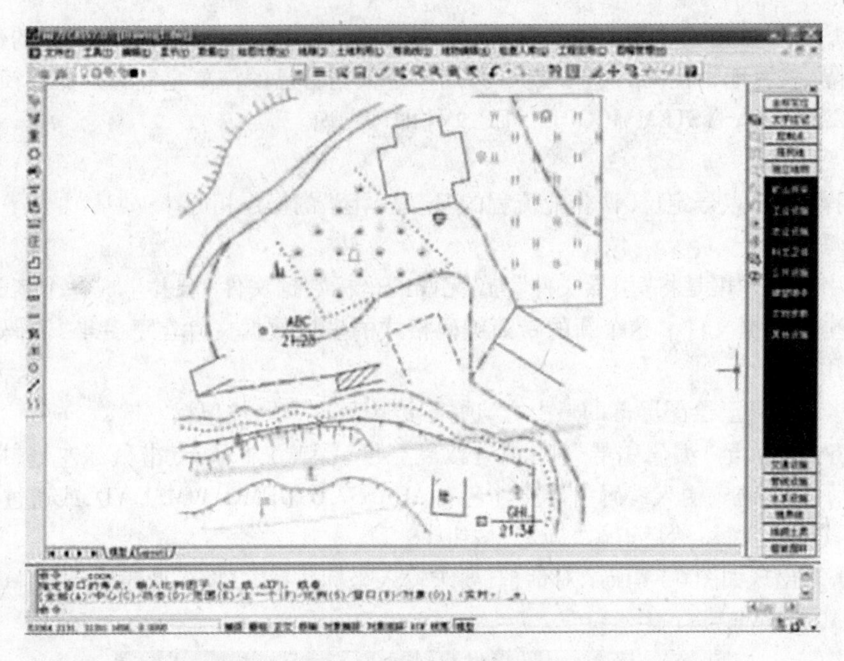

图 6-82　系统自动绘出图形

【拓展提高】

一、CASS7.0 与带内存全站仪通信方法

前面我们介绍过在数据连通中,怎样和电子手簿进行连接数据。现在主要介绍一下关于与带内存全站仪进行数据通信的方法。

(1)将全站仪通过适当的通信电缆与微机连接好。

(2)移动鼠标至“数据”项的“读取全站仪数据”项,该处以高亮度(深蓝)显示,点击鼠标左键,出现如图 6-83 所示对话框。

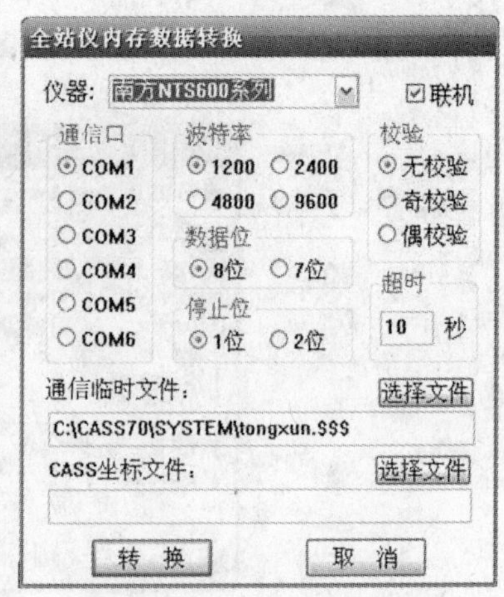

图 6-83　“全站仪内存数据转换”对话框

(3)根据不同仪器的型号设置好通信参数,再选取要保存的数据文件名,点击“转换”按钮。大体步骤与上同。如果想将以前传过来的数据(例如用超级终端传过来的数据文件)进行数据转换,可先选好仪器类型,再将仪器型号后面的“联机”选项取消。这时会发现,通信参数全部变灰。接下来,在“通信临时文件”选项下面的空白区域填上已有的临时数据文件,再在“CASS 坐标文件:”选项下面的空白区域填上转换后的 CASS 坐标数据文件的路径和文件名,点击“转换”按钮即可。

注意:若出现“数据文件格式不对”提示,有可能是以下的情形:数据通信的通路问题,电缆型号不对或计算机通信端口不通;全站仪和软件两边通信参数设置不一致;全站仪中传输的数据文件中没有包含坐标数据,这种情况可以通过查看 tongxun. $$$来判断。

二、CASS7.0 与测图精灵通信方法

(1)在测图精灵中将图形保存,然后传到微机上,存到微机上的文件扩展名是. SPD。此文件是二进制格式,不能用写字板打开。

(2)移动鼠标至"数据"项的"测图精灵格式转换"项,在下级子菜单中选取"读入",该处以高亮度(深蓝)显示,按鼠标左键,如图 6-84 所示。

(3)注意 CASS7.0 的命令行提示,输入图形比例尺,输入比例尺后出现"输入 SPDA20 图形数据文件名"的对话框,如图 6-85 所示。

(4)找到从测图精灵中传过来的图形数据文件,点击"打开(O)"按钮,系统会读取图形文件内容,并根据图形内的地物代码在 CASS7.0 中自动重构并将图形绘制出来。这时得到的图形与在测图精灵中看到的完全一致。

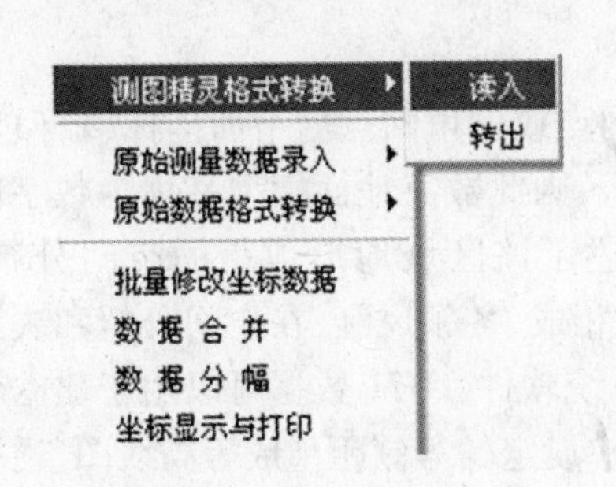

图 6-84　测图精灵格式转换的菜单

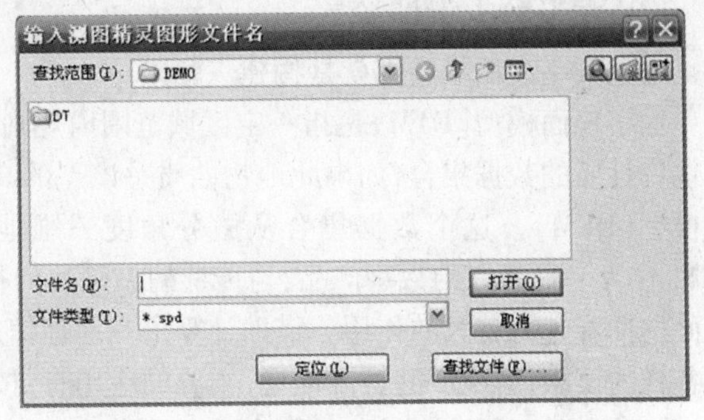

图 6-85　"输入测图精灵图形文件名"对话框

如果要将一幅 AutoCAD 格式的图转到测图精灵中进行修、补测,可在菜单"数据处理"下找到"测图精灵格式转换"子菜单下的"转出",利用此功能,可将 CASS7.0 下的图形转成测图精灵的 SPD 图形文件。转换完成后将得到一个扩展名为. spd 的文件,比起原来的 DWG 文件小许多倍,这时可以将测图精灵与微机连接(方法同上),将此文件传到测图精灵的"My Documents"目录下。启动测图精灵,在"文件"菜单下选"打开",这时可以看到刚才传过来的图形文件,选择并打开,图形将出现在测图精灵上。这样就实现了测图精灵与 CASS7.0 的图形数据传输。

【课后自测】

利用外业采集的地形数据,采用草图法进行相应的内业成图。

任务五　等高线绘制与编辑

【任务描述】

利用系统自带练习数据,生成等高线并进行等高线的整饰与编辑。

【任务解析】

在地形图中,等高线是表示地貌起伏的一种重要手段。常规的平板测图,等高线是由手工描绘的,等高线可以描绘得比较圆滑但精度稍低。在数字化自动成图系统中,等高线是由计算机自动勾绘的,生成的等高线精度相当高。CASS7.0 在绘制等高线时,充分考虑到等高线通过地性线和断裂线时的情况,如陡坎、陡涯等。CASS7.0 能自动切除通过地物、注记、陡坎的等高线。由于采用了轻量线来生成等高线,CASS7.0 在生成等高线后,文件大小比其他软件小了很多。在绘制等高线之前,必须先将野外测得的高程点建立数字地面模型(DTM),然后在数字地面模型上生成等高线。

【相关知识】

处理等高线之前要进行一定的设置以及了解相应的知识点。

一、建立数字地面模型

建立数字地面模型也就是构建三角网。

数字地面模型(DTM)是指一定区域范围内规则格网点或三角网点的平面坐标(x,y)和其地物性质的数据集合,如果此地物性质是该点的高程 z,则此数字地面模型又称为数字高程模型(DEM)。这个数据集合从微分角度三维地描述了该区域地形地貌的空间分布。DTM 作为一种新兴的数字产品,与传统的矢量数据相辅相成,各领风骚,在空间分析和决策方面发挥着越来越大的作用。借助计算机和地理信息系统软件,DTM 数据可以用于建立各种各样的模型,解决一些实际问题,主要的应用有:按用户设定的等高距生成等高线图、透视图、坡度图、断面图、渲染图,与数字正射影像 DOM 复合生成景观图,或者计算特定物体对象的体积、表面覆盖面积等,还可用于空间复合、可达性分析、表面分析、扩散分析等方面。我们在使用 CASS7.0 自动生成等高线时,应先建立数字地面模型。在这之前,可以先"定显示区"及展点,"定显示区"的操作与上一节"草图法"中"点号定位"法的工作流程中的"定显示区"的操作相同,在出现的提示界面中输入文件名时找到该如下路径的数据文件"C:\CASS7.0\DEMO\DGX.DAT"。展点时可选择"展高程点"选项,如图 6-86 所示下拉菜单。

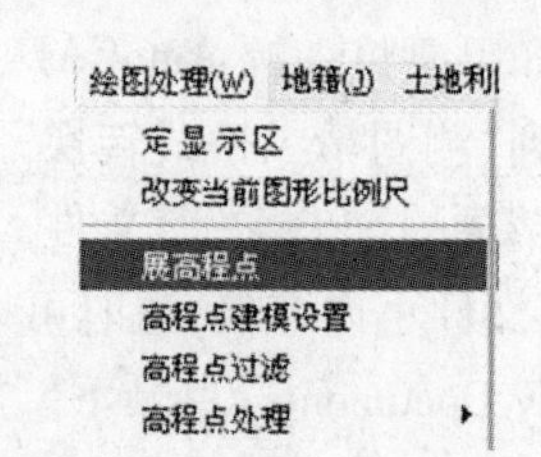

图 6-86 "绘图处理"下拉菜单

要求输入文件名时在"C:\CASS7.0\DEMO\DGX.DAT"路径下选择"打开"DGX.DAT 文件后命令区提示:"注记高程点的距离(米):"根据规范要求输入高程点注记距离(即注记高程点的密度),回车默认为注记全部高程点的高程。这时,所有高程点和控制点的高程均自动展绘到图上。

(1)移动鼠标至屏幕顶部菜单"等高线"项,按鼠标左键,出现如图 6-87 所示的下拉菜单。

(2)移动鼠标至"建立 DTM"项,该处以高亮度(深蓝)显示,按鼠标左键,出现如图 6-88 所示对话框。

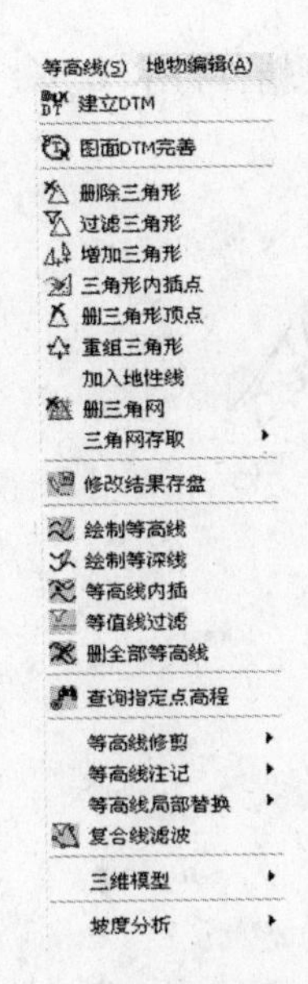

图 6-87 “等高线”的下拉菜单

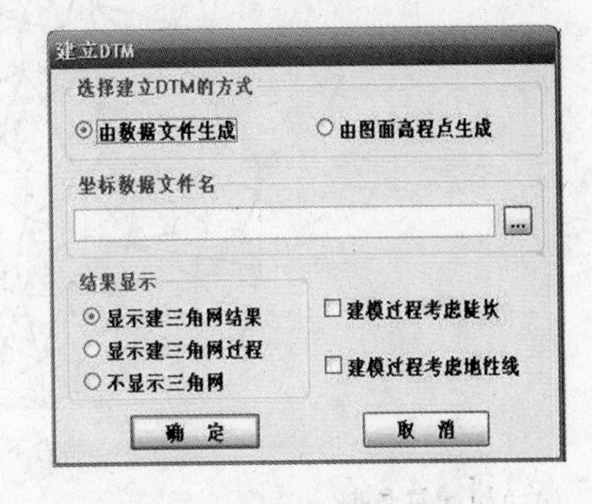

图 6-88 选择建模高程数据文件

首先选择建立 DTM 的方式,分为两种:由数据文件生成和由图面高程点生成,如果选择由数据文件生成,则在坐标数据文件名中选择坐标数据文件;如果选择由图面高程点生成,则在绘图区选择参加建立 DTM 的高程点。然后选择结果显示,分为三种:显示建三角网结果、显示建三角网过程和不显示三角网。最后选择在建立 DTM 的过程中是否考虑陡坎和地性线。点击“确定”后生成如图 6-89 所示的三角网。

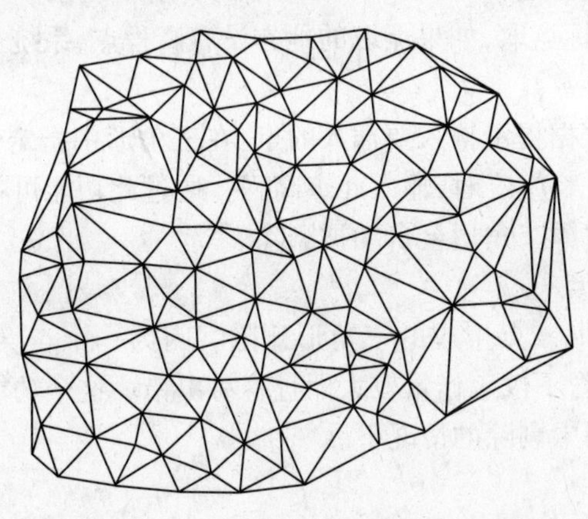

图 6-89 用 DGX. DAT 数据建立的三角网

二、修改数字地面模型

一般情况下,由于地形条件的限制,在外业采集的碎部点很难一次性生成理想的等高线,如楼顶上的控制点。另外,因现实地貌的多样性和复杂性,自动构成的数字地面模型与实际地貌不太一致,这时可以通过修改三角网来修改这些局部不合理的地方。

(一)删除三角形

如果在某局部内没有等高线通过,则可将其局部内相关的三角形删除。删除三角形的方法是:先将要删除三角形的地方局部放大,再选择“等高线”下拉菜单的“删除三角形”项,命令区提示选择对象,这时便可选择要删除的三角形,如果误删,可用"U"命令将误删的三角形恢复。删除三角形后如图 6-90 所示。

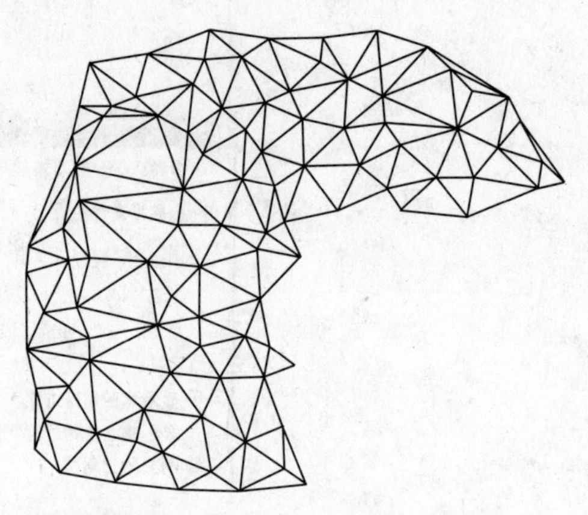

图 6-90　将右下角的三角形删除

(二)过滤三角形

可根据用户需要输入符合三角形中最小角的度数或三角形中最大边长最多大于最小边长的倍数等条件的三角形。如果出现 CASS7.0 在建立三角网后无法绘制等高线,可过滤掉部分形状特殊的三角形。另外,如果生成的等高线不光滑,也可以用此功能将不符合要求的三角形过滤掉再生成等高线。

(三)增加三角形

如果要增加三角形,可选择"等高线"菜单中的"增加三角形"项,依照屏幕的提示在要增加三角形的地方用鼠标点取,如果点取的地方没有高程点,系统会提示输入高程。

(四)三角形内插点

选择此命令后,可根据提示输入要插入的点:在三角形中指定点(可输入坐标或用鼠标直接点取),提示"高程(米)="时,输入此点高程。通过此功能可将此点与相邻的三角形顶点相连构成三角形,同时原三角形会自动被删除。

(五)删除三角形顶点

用此功能可将所有由该点生成的三角形删除。因为一个点会与周围很多点构成三角形,如果手工删除三角形,不仅工作量较大而且容易出错。这个功能常用在发现某一点坐标错误时,要将它从三角网中剔除的情况下。

(六)重组三角形

指定两相邻三角形的公共边,系统自动将两三角形删除,并将两三角形的另两点连接起来构成两个新的三角形,这样做可以改变不合理的三角形连接。如果因两三角形的形状特殊无法重组,会有出错提示。

(七)删除三角网

生成等高线后就不再需要三角网了,这时如果要对等高线进行处理,三角网比较碍事,可以用此功能将整个三角网全部删除。

(八)修改结果存盘

通过以上命令修改了三角网后,选择"等高线"菜单中的"修改结果存盘"项,把修改后的数字地面模型存盘。这样,绘制的等高线不会内插到修改前的三角形内。注意:修改了三角网后一定要进行此步操作,否则修改无效。

当命令区显示:“存盘结束!”时,表明操作成功。

【任务实现】

一、绘制等高线

完成知识准备操作后,便可进行等高线绘制。等高线的绘制可以在绘平面图的基础上叠加,也可以在“新建图形”的状态下绘制。如在“新建图形”状态下绘制等高线,系统会提示输入绘图比例尺。用鼠标选择“等高线”下拉菜单的“绘制等值线”项,弹出如图 6-91 所示对话框。

对话框中会显示参加生成 DTM 的高程点的最小高程和最大高程。如果只生成单条等高线,那么就在单条等高线高程中输入此条等高线的高程;如果生成多条等高线,则在等高距框中输入相邻两条等高线之间的等高距。最后选择等高线的拟合方式。总共有四种拟合方式:不拟合(折线)、张力样条拟合、三次 B 样条拟合和 SPLINE 拟合。观察等高线效果时,可输入较大等高距并选择不光滑,以加快速度。如选张力样条拟合方法,则拟合步距以 2 m 为宜,但这时生成的等高线数据量比较大,速度会稍慢。测点较密或等高线较密时,最好选择光滑三次 B 样条拟合,也可选择不光滑,过后再用“批量拟合”功能对等高线进行拟合。SPLINE 拟合则用标准 SPLINE 样条曲线来绘制等高线,提示:“请输入样条曲线容差: <0.0>”容差是曲线偏离理论点的允许差值,可直接回车。SPLINE 线的优点在于即使它被断开,仍然是样条曲线,可以进行后续编辑修改,缺点是较三次 B 样条拟合容易发生线条交叉现象。当命令区显示:“ 绘制完成!”,便完成等高线的绘制工作,如图 6-92 所示。

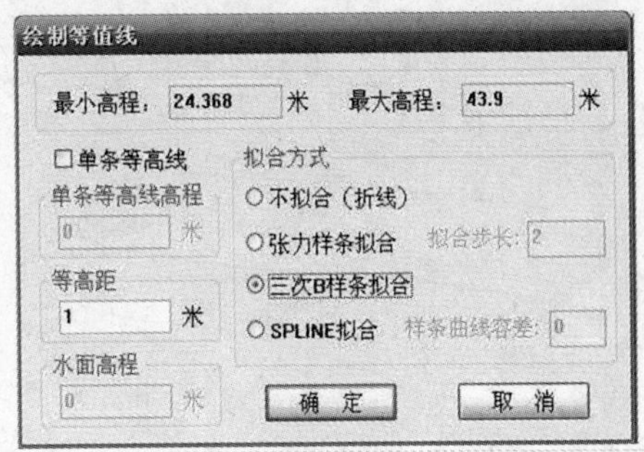

图 6-91 “绘制等值线”对话框

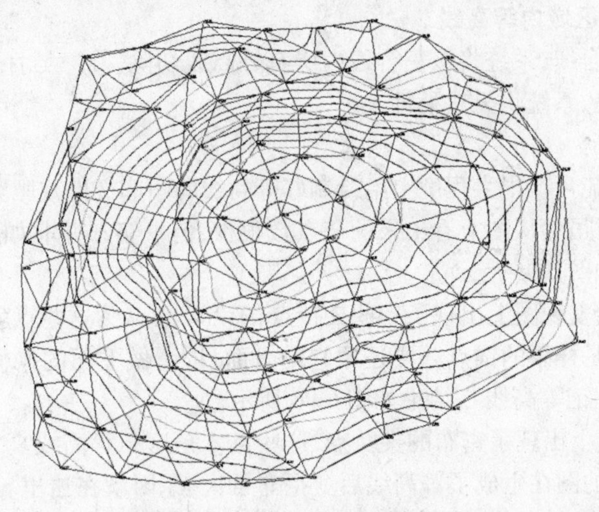

图 6-92 完成绘制等高线的工作

二、等高线的修饰

(一)注记等高线

用"窗口缩放"项得到局部放大图,如图 6-93 所示,再选择"等高线"下拉菜单的"等高线注记"的"单个高程注记"项。命令区提示:"选择需注记的等高(深)线:"移动鼠标至要注记高程的等高线位置,如图 6-93 所示的位置 A,按鼠标左键;依法线方向指定相邻一条等高(深)线;移动鼠标至如图 6-93 所示的等高线位置 B,按鼠标左键。等高线的高程值即自动注记在 A 处,且字头朝 B 处。

(二)等高线修剪

用鼠标左键点击"等高线/等高线修剪/批量修剪等高线",弹出如图 6-94 所示对话框。

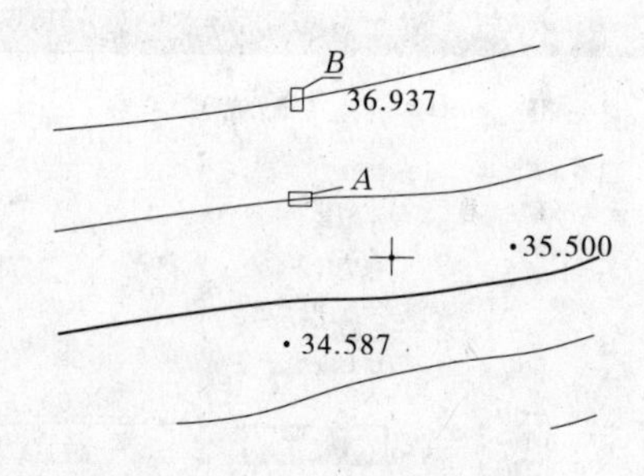

图 6-93　等高线高程注记

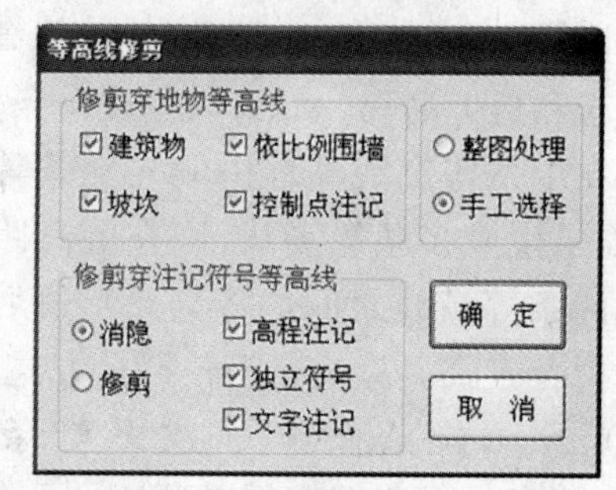

图 6-94　"等高线修剪"对话框

首先选择是消隐还是修剪等高线,然后选择是整图处理还是手工选择需要修剪的等高线,最后选择地物和注记符号,单击确定后会根据输入的条件修剪等高线。

(三)切除指定两线间等高线

命令区提示:

"选择第一条线:"用鼠标指定第一条线,例如选择公路的一边。

"选择第二条线:"用鼠标指定第二条线,例如选择公路的另一边。

程序将自动切除等高线穿过此两线间的部分。

(四)切除指定区域内等高线

选择一封闭复合线,系统将该复合线内所有等高线切除。注意封闭区域的边界一定要是复合线,如果不是,系统将无法处理。

(五)等值线滤波

等值线滤波功能可在很大程度上给绘制好等高线的图形文件减肥。一般的等高线都是用样条拟合的,这时虽然从图上看出来的节点数很少,但事实却并非如此。以高程为 38 的等高线为例说明,如图 6-95 所示。

选中等高线,会发现图上出现了一些夹持点,千万不要认为这些点就是这条等高线上实际的点。这些点只是样条的锚点。要还原它的真面目,请做下面的操作:用"等高线"菜单下的"切除穿高程注记等高线",结果如图 6-96 所示。

这时,在等高线上出现了密布的夹持点,这些点才是这条等高线真正的特征点,所以如果看到一个很简单的图在生成了等高线后变得非常大,原因就在这里。如果想将这幅图的尺寸变小,用"等值线滤波"功能就可以了。执行此功能后,系统提示如下:"请输入滤波阈

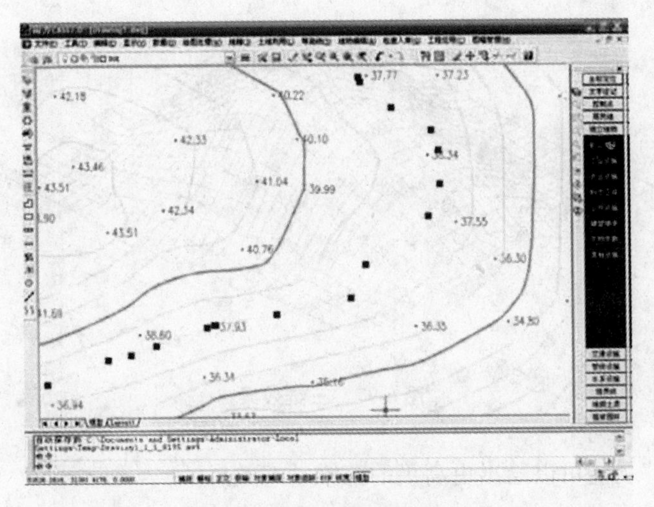

图 6-95　剪切前等高线夹持点

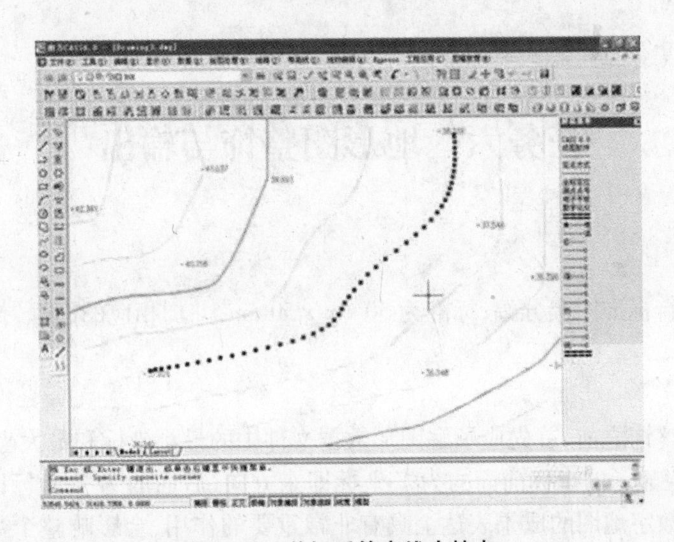

图 6-96　剪切后等高线夹持点

值:<0.5 米 >”,这个值越大,精简的程度就越大,但是会导致等高线失真(即变形),因此应根据实际需要选择合适的值。一般选系统默认的值就可以了。

【拓展提高】

建立了 DTM 之后,就可以生成三维模型,观察一下立体效果。移动鼠标至“等高线”项,按鼠标左键,出现下拉菜单。然后移动鼠标至“绘制三维模型”项,按鼠标左键,命令区提示:“输入高程乘系数 <1.0>:”输入 5。如果用默认值,建成的三维模型与实际情况一致。如果测区内的地势较为平坦,可以输入较大的值,将地形的起伏状态放大。因本图坡度变化不大,输入高程乘系数将其夸张显示。“是否拟合?(1)是(2)否 <1>”回车,默认选1,拟合。这时将显示此数据文件的三维模型,如图 6-97 所示。

另外,利用“低级着色方式”、“高级着色方式”功能还可对三维模型进行渲染等操作,利用“显示”菜单下的“三维静态显示”功能可以转换角度、视点、坐标轴,利用“显示”菜单下

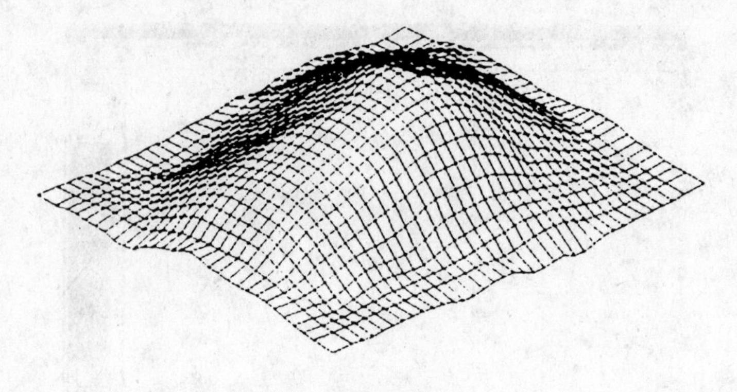

图 6-97　三维效果

的“三维动态显示”功能可以绘出更高级的三维动态效果。

【课后自测】

根据外业采集数据绘制地形图上的等高线,并生成数字高程模型。

任务六　地形图整饰与输出

【任务描述】

对地形图进行标准图幅分幅,标准为 50 cm × 50 cm,并加相应的图框,打印出图。

【任务解析】

图形分幅与整饰之前,首先应了解图形数据文件中的最小坐标和最大坐标。同时,应注意 CASS 下信息栏显示的坐标前面的为 *Y* 坐标即东方向,后面的为 *X* 坐标即北方向。地形图的整饰在整个数字地图的成果表达上具有非常重要的作用,会影响整个数字成果的利用效果。

【相关知识】

图幅整饰的功能:对已绘制好的图形进行分幅、加图框等工作,菜单如图 6-98 所示。

一、图幅网格(指定长宽)

功能:在测区(当前测图)形成矩形分幅网格,使每幅图的范围清楚地展示出来,便于用“地物编辑”菜单的“窗口内的图形存盘”功能。还能用于截取各图幅,其中给定该图幅网格的左下角和右上角即可。

操作过程:执行此菜单后,见命令区提示。

提示:“方格长度(mm):”输入方格网的长度。

“方格宽度(mm):”输入方格网的宽度。

“用鼠标器指定需加图幅网格区域的左下角点:”指定左下角点。

"用鼠标器指定需加图幅网格区域的右上角点:"指定右上角点。

按提示操作,系统将在测区自动形成分幅网格。

图幅网格(指定长宽)
加方格网
方格注记
批量分幅
批量倾斜分幅
标准图幅(50X50cm)
标准图幅(50X40cm)
任意图幅
小比例尺图幅
倾斜图幅
工程图幅
图纸空间图幅
图形梯形纠正

图 6-98　绘图处理菜单图幅整饰子菜单

二、加方格网

功能:在所选图形上加绘方格网。

三、方格注记

功能:将方格网中的十字符号注记上坐标。

四、批量分幅

功能:将图形以 50 * 50 或 50 * 40 的标准图框切割,分幅成一个个单独的磁盘文件,而且不会破坏原有图形。

操作过程:执行如图 6-99 所示菜单后,见命令区显示。

提示:"请选择图幅尺寸:(1)50 * 50(2)50 * 40(3)自定义尺寸〈1〉"选择图幅尺寸。若选(3),则要求给出图幅的长、宽尺寸。若选(1)、(2),则提示:"请输入分幅图目录名:"如:C:\CASS7.0\DEMO\DT(确认 dt 已存才),"输入测区一角:"给定测区一角。"输入测区另一角:"给定测区另一角。

图 6-99　批量倾斜分幅子菜单

五、批量倾斜分幅

(一)普通分幅

功能:将图形按照一定要求分成任意大小和角度的图幅。

操作过程:先依需倾斜的角度画一条复合线作为分幅的中心线,再执行本菜单后见命令行提示:"输入图幅横向宽度:(单位:分米)"给出所需的图幅宽度。"输入图幅纵向宽度:(单位:分米)"给出所需的图幅高度。"请输入分幅图目录名:"分幅后的图形文件将存于此目录下,文件名就是图号。"选择中心线"选择事先画好的分幅中心线,则系统自动批量生成指定大小和倾斜角度的图幅。

(二)700 m 公路分幅

功能:将图形沿公路以 700 m 为一个长度单位进行分幅。

操作过程:画一条复合线作为分幅的中心线,再执行本菜单后见命令行提示。

提示:"请输入分幅图目录名:"分幅后的图形文件将存于此目录下,文件名就是图号。"选择中心线"选择事先画好的分幅中心线,则系统自动批量生成指定大小和倾斜角度的图幅。

(三)标准图幅(50 cm×50 cm)

功能:给已分幅图形加 50 cm×50 cm 的图框。

操作过程:执行此菜单后,会弹出一个对话框,如图6-100所示,按对话框输入图纸信息后点击“确认”按钮,并确定是否删除图框外实体。

注意:单位名称和坐标系统、高程系统可以在加图框前定制。图框定制可方便地在“CASS7.0参数设置\图框设置”中设定或修改各种图形框的图形文件,这些文件放在“\CASS7.0\CASS7.0tk”目录中,用户可以根据自己的情况编辑,然后存盘。50 cm×50 cm图框文件名是AC50TK.DWG,50 cm×40 cm图框文件名是AC45TK.DWG。

(四)标准图幅(50 cm×40 cm)

功能:给已自动分成50 cm×40 cm的图形加图框。命令栏提示和操作同上。

(五)任意图幅

功能:给绘成任意大小的图形加图框。

操作过程:执行此菜单后,按图6-100所示对话框输入图纸信息,此时“图幅尺寸”选项区域变为可编辑,输入自定义的尺寸及相关信息即可。

(六)小比例尺图幅

功能:根据输入的图幅左下角经纬度和中央子午线来生成小比例尺图幅。

操作过程:执行此菜单后,见命令区提示。

提示:“请选择:(1)三度带(2)六度带<1>”然后会弹出一个对话框,如图6-101所示,输入图幅中央子午线、左下角经纬度、坐标系、图幅比例尺等信息,系统自动根据这些信息求出国标图号并转换图幅各点坐标,再根据输入的图名信息绘出国家标准小比例尺图幅。

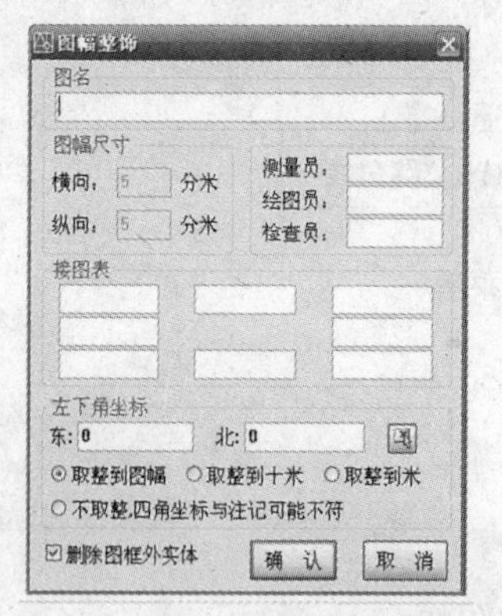

图6-100 “输入图幅信息”对话框

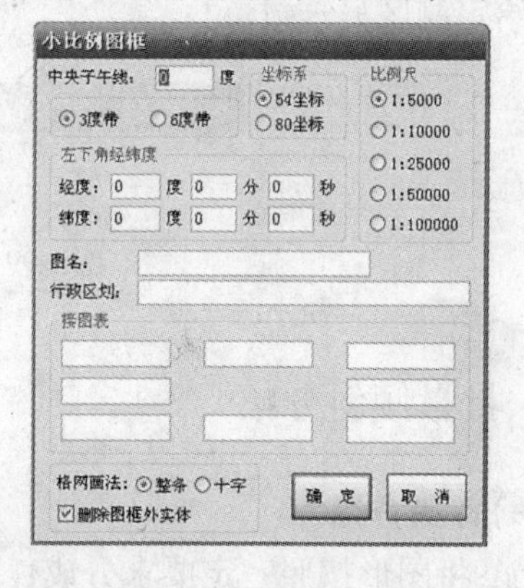

图6-101 输入小比例尺图幅坐标信息

(七)倾斜图幅

功能:为满足公路等工程部门的特殊需要,提供任意角度的倾斜图幅。

操作过程:执行此菜单后,按图6-100所示对话框输入图纸信息,此时“图幅尺寸”选项区域变为可编辑,输入自定义的尺寸及相关信息确定后见提示。输入两点定出图幅旋转角,“第一点: 第二点: ”

注意:执行此功能前一般要进行“加方格网”操作。

(八)工程图幅

功能:提供0、1、2、3、4号工程图框。

操作过程:执行此菜单后,见命令区提示。

提示:“用鼠标指定内图框左下角点位:”给出内图框放置的左下角点。“要角图章,指北针吗〈N〉”键入Y或N(缺省为N)选择是否在图框中画出角图章、指北针。

（九）图纸空间图幅

功能：将图框画到布局里，分为三种类型：50 cm×50 cm、50 cm×40 cm、任意图幅，命令栏提示和操作同上。

六、图形梯形纠正

功能：如果所用的是HP或其他系列的喷墨绘图仪，在用它们出图时，所得到图形的图框的两条竖边可能不一样长，这项菜单的主要功能就是对此进行纠正。

操作过程：先用绘图仪绘出一幅50 cm×50 cm或40 cm×50 cm的图框，并量取右竖直边的实际长度和理论长度的差值，然后见命令区提示。

提示："请选择图框：(1)50*50(2)40*50 <1>"如果图框是50 cm×50 cm，则选择1；如果图框是40 cm×50 cm，则选择2。"请选取图框左上角点："精确捕捉图框的左上角点。"请输入改正值：(+为压缩，-为扩大)(单位：毫米)"输入右竖直边长度和理论长度的差值。

说明：如果差值大于零，则说明右竖直边的实际长度大于理论长度，输入改正值的符号为"+"表示压缩；反之，为"-"时表示扩大。

【任务实现】

一、图形分幅添加图框标

操作过程：执行此菜单后，会弹出一个对话框，如图6-100所示，按对话框输入图纸信息后点击"确认"按钮，并确定是否删除图框外实体。

注意：单位名称和坐标系统、高程系统可以在加图框前定制。图框定制可方便地在"CASS7.0参数设置\图框设置"中设定或修改各种图形框的图形文件，这些文件放在"\CASS7.0\CASS7.0TK"目录中，用户可以根据自己的情况编辑，然后存盘。50 cm×50 cm图框文件名是AC50TK.DWG，50 cm×40 cm图框文件名是AC45TK.DWG。

二、打印输出

开始，选择"文件(F)"菜单下的"绘图输出…"项，进入"打印－模型"对话框(见图6-102)。普通选项的设置：1.设置"打印机/绘图仪"对话框。

首先，在"打印机配置"框中的"名称(M)："一栏中选相应的打印机，然后单击"特性(R)"按钮，进入"绘图机配置编辑器"(见图6-103)。

(1)在"端口"选项卡中选取"打印到下列端口(P)"单选按钮并选择相应的端口。

(2)在"设备和文档设置"选项卡中，选择"用户定义图纸尺寸与校准"分支选项下的"自定义图纸尺寸"(见图6-104)。在下方的"自定义图纸尺寸"框中单击"添加(A)"按钮，添加一个自定义图纸尺寸(见图6-105)。

进入"自定义图纸尺寸－开始"窗，点选"创建新图纸(S)"单选框(见图6-106)，单击"下一步"按钮；进入"自定义图纸尺寸－介质边界"窗，设置单位和相应的图纸尺寸，单击"下一步"按钮；进入"自定义图纸尺寸－可打印区域"窗，设置相应的图纸边距，单击"下一步"按钮；进入"自定义图纸尺寸－图纸尺寸名"，输入一个图纸名，单击"下一步"按钮；进入

图 6-102 “打印机”对话框

图 6-103 打印机配置编辑器端口设置

图 6-104 打印机配置编辑器设备和文档设置

“自定义图纸尺寸 - 完成”，单击“打印测试页”按钮，打印一张测试页，检查是否合格，然后单击“完成”按钮；选择“介质”分支选项下的“源和大小 <… >”，在下方的“介质源和大小”框中的“大小(Z)”栏中选择的已定义过的图纸尺寸；选择“图形”分支选项下的“矢量图形 <… > <… >”，在“分辨率和颜色深度”框中，把“颜色深度”框里的单选按钮框置为“单色(M)”，然后，把下拉列表的值设置为“2 级灰度”，单击最下面的“确定”按钮，这时出现“修改打印机配置文件”窗，在窗中选择“将修改保存到下列文件”单选钮，最后单击“确定”完成；把“图纸尺寸”框中的“图纸尺寸”下拉列表的值设置为先前创建的图纸尺寸设置。把“打印区域”框中的下拉列表的值置为“窗口”，下拉框旁边会出现按钮“窗口”，单击“窗口(O) <”按钮，鼠标指定打印窗口。把“打印比例”框中的“比例(S)：”下拉列表选项设置为

"自定义",在"自定义:"文本框中输入"1"毫米 ="0.5"图形单位(1:500 的图为"0.5"图形单位;1:1 000的图为"1"图形单位,依此类推)。

扩展选项的设置:点击"打印"对话框右下角的按钮"⊙",展开更多选项,如图 6-107 所示。

(1)在"打印样式表(笔指定)"框中把下拉列表框中的值置为"monochrom. cth"打印列表(打印黑白图)。

(2)在"图形方向"框中选择相应的选项。

(3)点击"预览(P)…"按钮对打印效果进行预览,最后点击"确定"按钮打印。

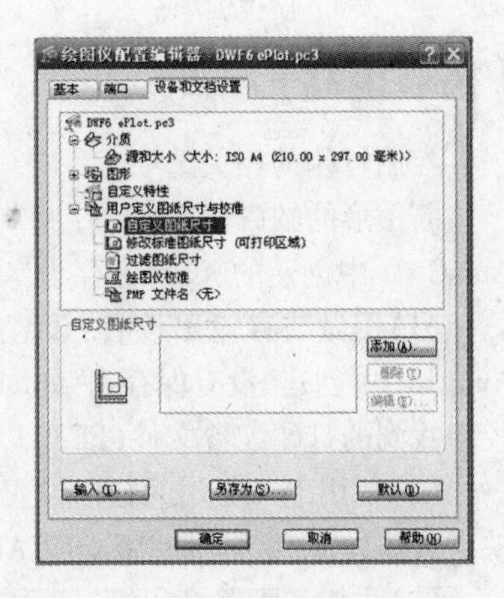

图 6-105　打印机配置自定义图纸尺寸

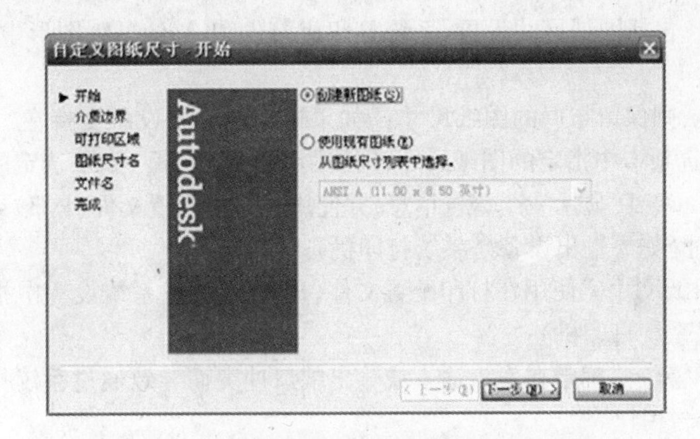

图 6-106　打印机配置自定义图纸尺寸 - 开始

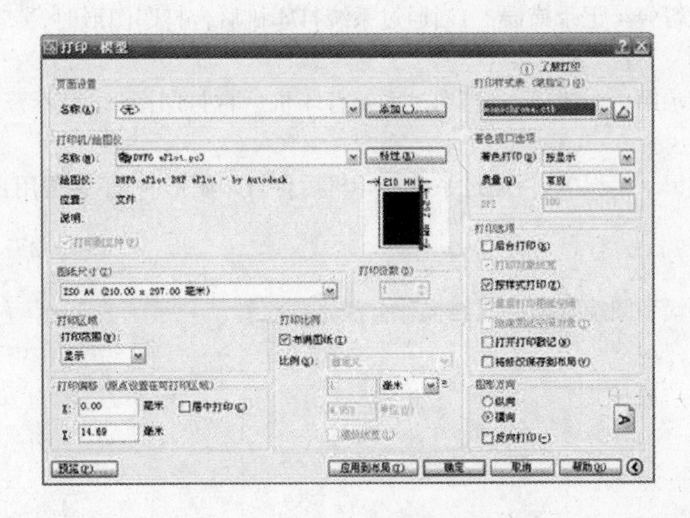

图 6-107　"打印"对话框(含更多选项)

【拓展提高】

控制打印的相关选项。

新图形的缺省打印设置:控制新图形的缺省打印设置。这同样也用于在以前版本的 AutoCAD 中创建的、没有保存为 AutoCAD 2006 格式的图形。

(1)用做缺省输出设备:设置新图形的缺省打印设备。这同样也用于在以前版本的 AutoCAD中创建、没有保存为 AutoCAD 2006 格式的图形。此列表显示从打印机配置搜索路径中找到的打印配置文件(PC3)以及系统中配置的系统打印机。

(2)使用上一可用的打印设置: 使用最近一次成功打印的打印设置。这个选项将确定缺省打印设置,这与早期版本的 AutoCAD 使用的方式相同。

(3)添加和配置打印机:显示 Autodesk 打印机管理器（一个 Windows 系统窗口）。也可以用 Autodesk 打印机管理器添加或配置打印机。具体操作请参见:“基本打印选项:”控制常规打印环境（包括图纸尺寸设置、系统打印机警告和 AutoCAD 图形中的 OLE 对象）的相关选项。

①“如果可能,则保留布局的图纸尺寸:”如果选定的输出设备支持在“页面设置”对话框的“布局设置”选项卡中指定的图纸尺寸,则使用该图纸尺寸。如果选定的输出设备不支持该图纸尺寸,AutoCAD 显示一个警告信息,并使用在打印配置文件(PC3)或缺省系统设置中指定的图纸尺寸(如果输出设备是系统打印机)。

②“准备的图纸尺寸:”使用在打印配置文件(PC3)或缺省系统设置中指定的图纸尺寸(如果输出设备是系统打印机)。

③“后台打印警告:”确定在发生输入或输出端口冲突而导致通过系统打印机后台打印图形时,是否要警告用户。

始终警告（记录错误）:当通过系统打印机后台打印图形时,警告用户并总记录错误。

仅在第一次警告（记录错误）:当通过系统打印机后台打印图形时,警告用户一次并总记录错误。

不警告（记录第一个错误）:当通过系统打印机后台打印图形时,不警告用户,但记录第一个错误。

不警告（不记录错误）:当通过系统打印机后台打印图形时,不警告用户或记录错误。

【课后自测】

进行图形分幅和图幅整饰的具体操作方法是什么?

第七章　数字地形图应用

学习目标

- ➤ 掌握数字地形图应用的知识；
- ➤ 掌握坐标计算方法；
- ➤ 掌握数字测量方法在工程建设上的应用知识；
- ➤ 会利用 CASS 软件进行土方计算；
- ➤ 会利用数字测量软件计算图上点位之间距离；
- ➤ 会建立数字高程模型辅助工程建设施工；
- ➤ 会进行道路数据的基本计算。

随着计算机技术、地理信息技术、多媒体技术和现代通信技术的不断发展，以及社会经济发展进程中人类活动空间的日益扩大和对信息反映速度需求的不断扩张，数字地形图正在发挥着越来越重要的作用。本任务对数字地形图的应用做了部分介绍，重点是数字地形图在工程中的应用。

任务一　数字地形图基本应用

【任务描述】

用 DTM 模型来计算土方量时，主要根据实地测定的地面点坐标（X,Y）和设计高程，通过生成三角网来计算每一个三棱锥的填、挖方量，最后累计得到指定范围内填方和挖方的土方量，并绘出填、挖方分界线。

【任务解析】

DTM 法土方计算共有三种方法：第一种是由坐标数据文件计算，第二种是依照图上高程点进行计算，第三种是依照图上的三角网进行计算。前两种算法包含重新建立三角网的过程，第三种方法直接采用图上已有的三角形，不再重建三角网。

【相关知识】

基本几何要素的查询包括查询指定点坐标、查询两点距离及方位、查询线长、查询实体面积以及计算表面积。

一、查询指定点坐标

用鼠标点取“工程应用”菜单中的“查询指定点坐标”，用鼠标点取所要查询的点即可。也可以先进入点号定位方式，再输入要查询的点号说明：系统左下角状态栏显示的坐标是笛卡儿坐标系中的坐标，与测量坐标系的 X 和 Y 的顺序相反。用此功能查询时，系统在命令行给出的 X、Y 是测量坐标系的值。

二、查询两点距离及方位

用鼠标点取“工程应用”菜单下的“查询两点距离及方位”。用鼠标分别点取所要查询的两点即可，也可以先进入点号定位方式，再输入两点的点号。说明：CASS7.0 所显示的坐标为实地坐标，所以所显示的两点间的距离为实地距离。

三、查询线长

用鼠标点取“工程应用”菜单下的“查询线长”，用鼠标点取图上曲线即可。

四、查询实体面积

用鼠标点取待查询的实体的边界线即可，要注意实体应该是闭合的。

五、计算表面积

对于不规则地貌，其表面积很难通过常规的方法来计算，在这里可以通过建模的方法来计算，系统通过 DTM 建模，在三维空间内将高程点连接为带坡度的三角形，再通过每个三角形面积累加得到整个范围内不规则地貌的面积。如图 7-1 所示为计算矩形范围内地貌的表面积。

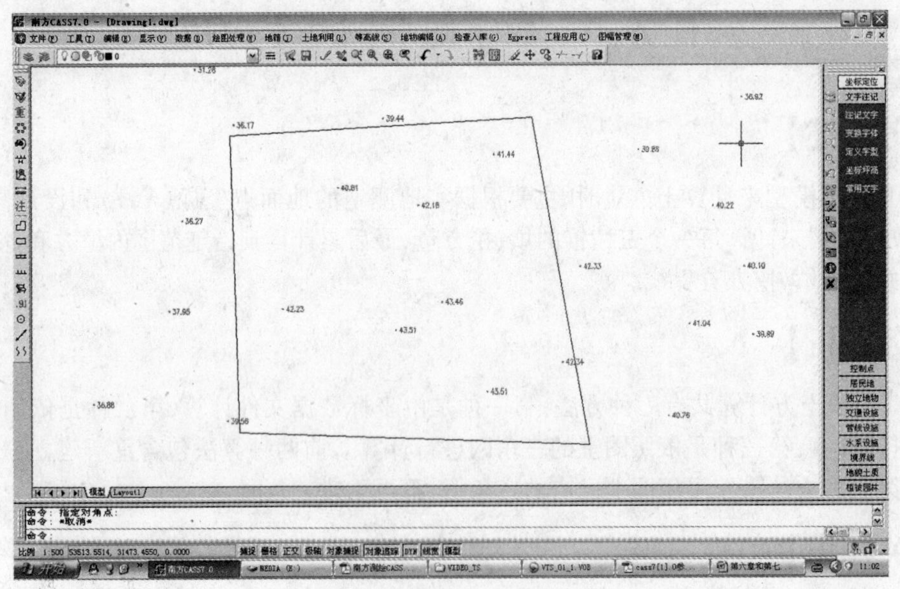

图 7-1　选定计算区域

点击“工程应用\计算表面积\根据坐标文件”命令，命令区提示：“请选择：(1)根据坐标数据文件(2)根据图上高程点：”回车选(1)；选择土方边界线用拾取框选择图上的复合线边界；“请输入边界插值间隔(米)：<20>5”输入在边界上插点的密度；表面积 = 3 271.794 m^2，详见 surface.log 文件显示计算结果，surface.log 文件保存在\CASS70\SYSTEM 目录下。

图 7-2 为建模计算表面积的结果。

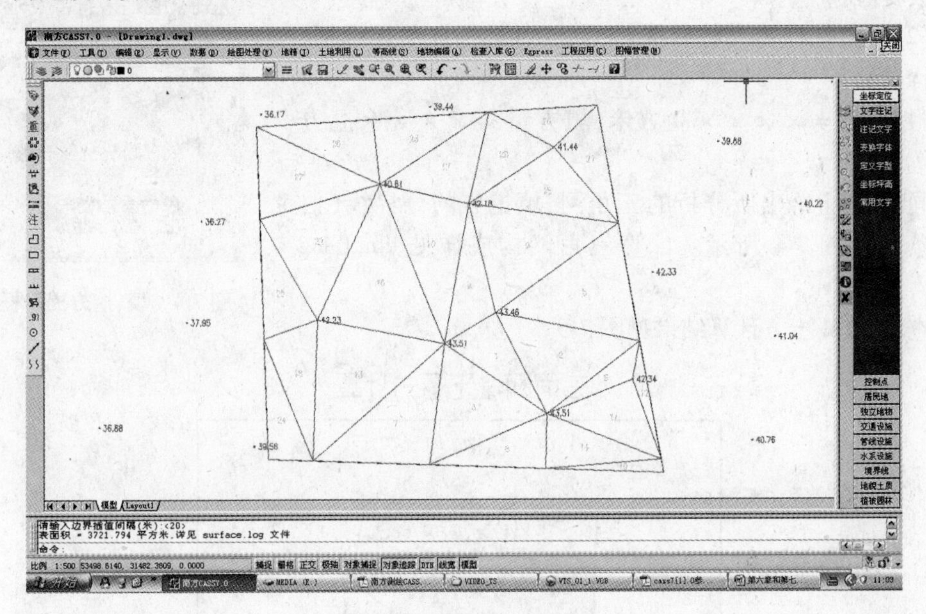

图 7-2　表面积计算结果

另外,还可以根据图上高程点计算表面积,操作的步骤相同,但计算的结果会有差异,因为由坐标文件计算时,边界上内插点的高程由全部的高程点参与计算得到,而由图上高程点来计算时,边界上内插点只与被选中的点有关,故边界上点的高程会影响到表面积计算的结果。到底由哪种方法计算合理与边界线周边的地形变化条件有关,变化越大,越趋向于由图面上来选择。

【任务实现】

根据坐标计算方法:

(1)用复合线画出所要计算土方的区域,一定要闭合,但是尽量不要拟合。因为拟合过的曲线在进行土方计算时会用折线迭代,影响计算结果的精度。用鼠标点取"工程应用\DTM 法土方计算\根据坐标文件"。

提示:"选择边界线"用鼠标点取所画的闭合复合线,弹出如图 7-3 所示"DTM 土方计算参数设置"对话框。

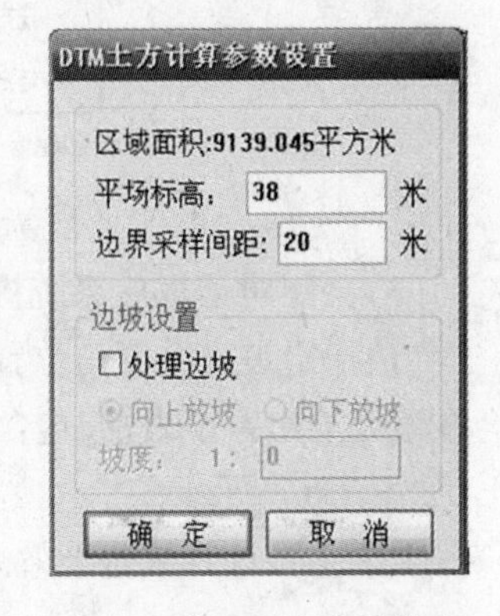

图 7-3　"DTM 土方计算参数设置"对话框

"区域面积:"该值为复合线围成的多边形的水平投影面积。

"平场标高:"指设计要达到的目标高程。

"边界采样间距:"边界插值间隔的设定,默认值为 20 m。

"边坡设置:"选中"处理边坡"复选框后,则坡度设置功能变为可选,选中放坡的方式("向上放坡"或"向下放坡":指平场高程相对于实际地面高程的高低,平场高程高于地面高程时设置为向下放坡)。然后输入坡度值。

(2)设置好计算参数后屏幕上显示填、挖方的提示框,命令行显示:

“挖方量 = × × × × 立方米,填方量 = × × × × 立方米”

同时,图上绘出所分析的三角网、填挖方的分界线(白色线条),如图 7-4 所示。计算三角网构成详见 dtmtf. log 文件。

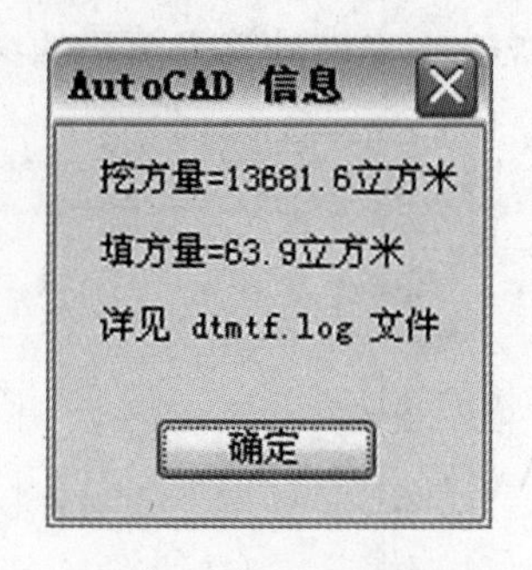

图 7-4　填、挖方提示框

查看 DTM 土方计算结果见图 7-5。

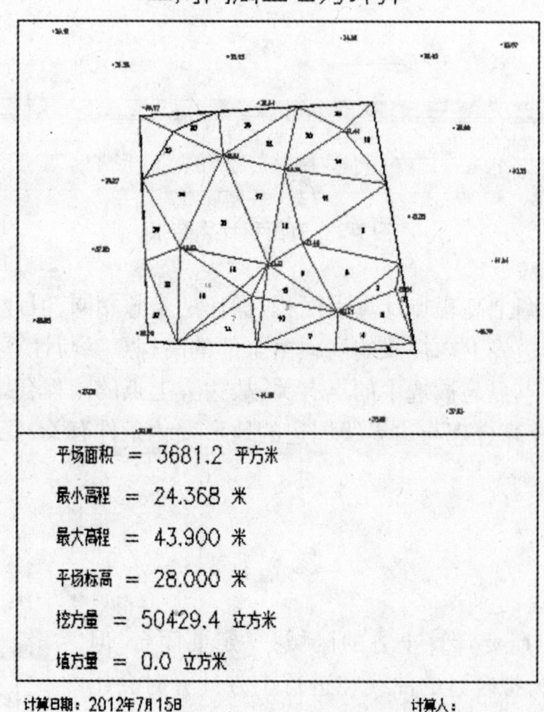

图 7-5　DTM 土方计算结果

(3)关闭对话框后系统提示:

“请指定表格左下角位置: <直接回车不绘表格>”用鼠标在图上适当位置点击,CASS 会在该处绘出一个表格,包含平场面积、最大高程、最小高程、平场标高、填方量、挖方量和图形,如图 7-6 所示。

生成土方计算放边坡效果图(见图 7-7)。

【拓展提高】

一、根据图上高程点计算

首先要展绘高程点,然后用复合线画出所要计算土方的区域,要求同 DTM 法。用鼠标

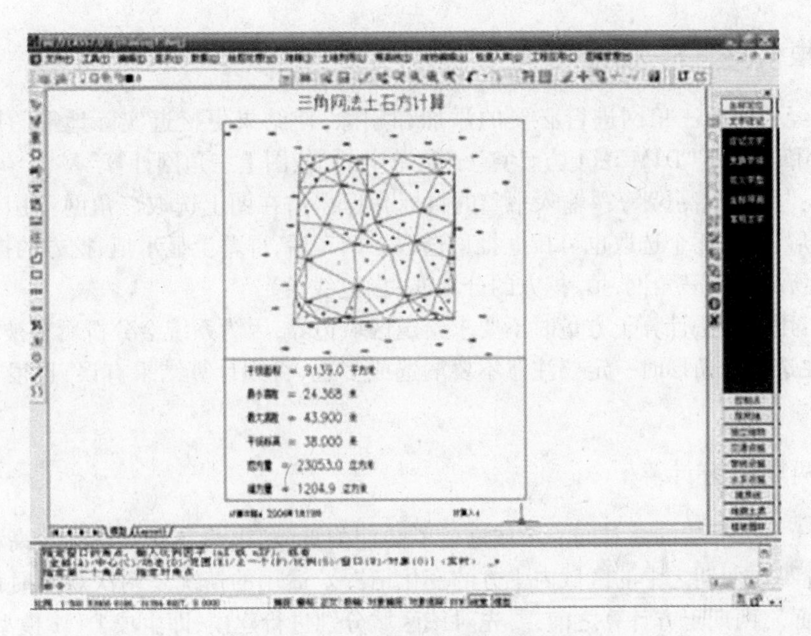

图 7-6　填、挖方量计算结果表格

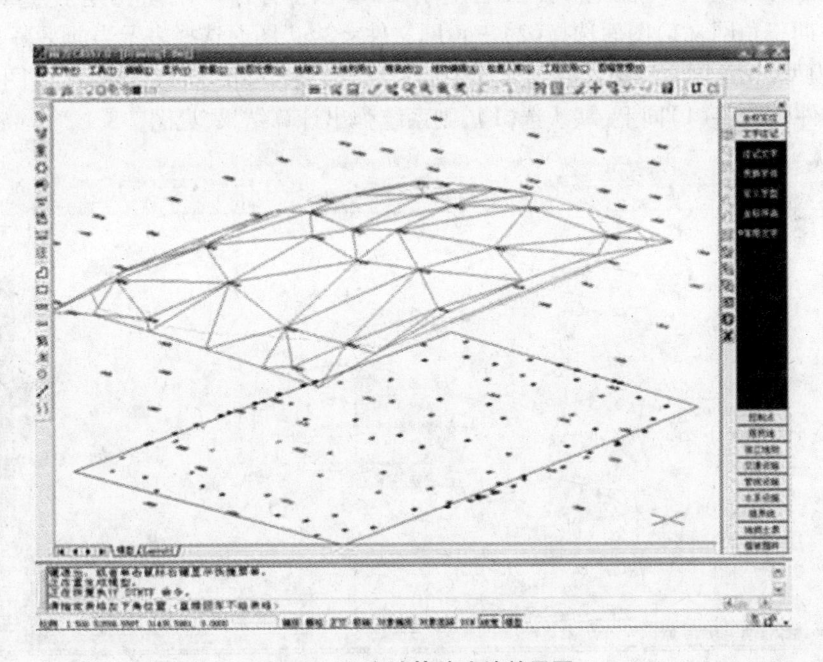

图 7-7　土方计算放边坡效果图

点取“工程应用”菜单下“DTM 法土方计算”子菜单中的“根据图上高程点计算”。

提示:“选择边界线”用鼠标点取所画的闭合复合线。

提示:“选择高程点或控制点”此时可逐个选取要参与计算的高程点或控制点,也可拖框选择。如果键入“All”回车,将选取图上所有已经绘出的高程点或控制点。弹出土方计算参数设置对话框,以下操作则与坐标计算法一样。

二、根据图上的三角网计算

对已经生成的三角网进行必要的添加和删除，使结果更接近实际地形。用鼠标点取“工程应用”菜单下“DTM 法土方计算”子菜单中的“依图上三角网计算”。

提示：“平场标高(米)：”输入平整的目标高程，“请在图上选取三角网：”用鼠标在图上选取三角形，可以逐个选取也可拉框批量选取。回车后，屏幕上显示填、挖方的提示框，同时图上绘出所分析的三角网，填、挖方的分界线(白色线条)。

注意：用此方法计算土方量时不要求给定区域边界，因为系统会分析所有被选取的三角形，因此在选择三角形时一定要注意不要漏选或多选，否则计算结果有误，且很难检查出问题所在。

三、两期土方计算

两期土方计算指的是对同一区域进行了两期测量，利用两次观测得到的高程数据建模后叠加，计算出两期之中的区域内土方的变化情况。适用的情况是两次观测时该区域都是不规则表面。两期土方计算之前，要先对该区域分别进行建模，即生成 DTM 模型，并将生成的 DTM 模型保存起来。然后点取“工程应用\DTM 法土方计算\计算两期土方量”命令区提示：“第一期三角网：(1)图面选择(2)三角网文件 <2 >”图面选择表示当前平幕上已经显示的 DTM 模型，三角网文件指保存到文件中的 DTM 模型。“第二期三角网：(1)图面选择(2)三角网文件 <1 >”(1)同上，默认选(1)，则系统弹出计算结果，见图 7-8。

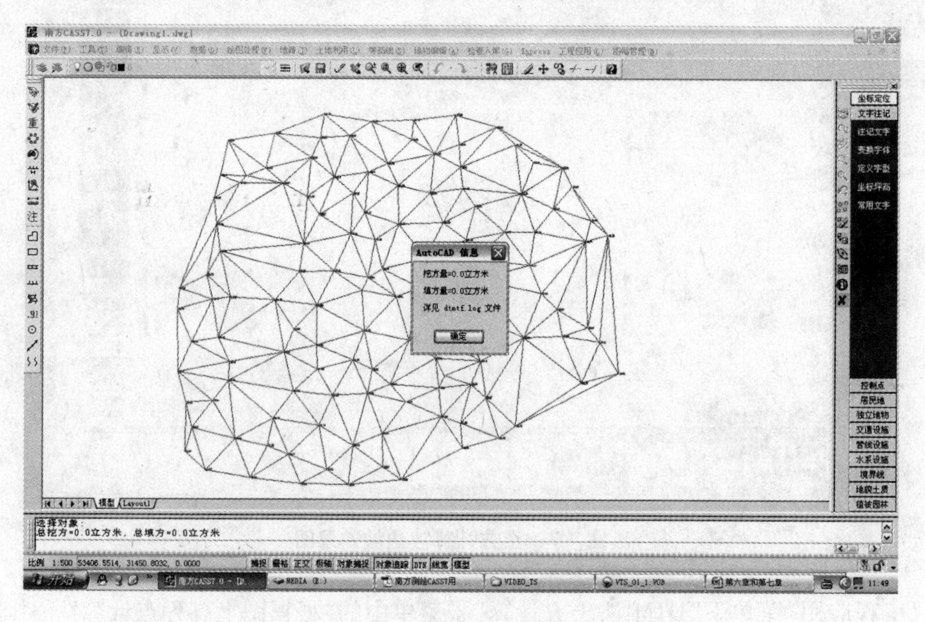

图 7-8　两期土方计算结果

点击“确定”后，屏幕出现两期三角网叠加的效果，蓝色部分表示此处的高程已经发生变化，红色部分表示没有变化(见图 7-9)。

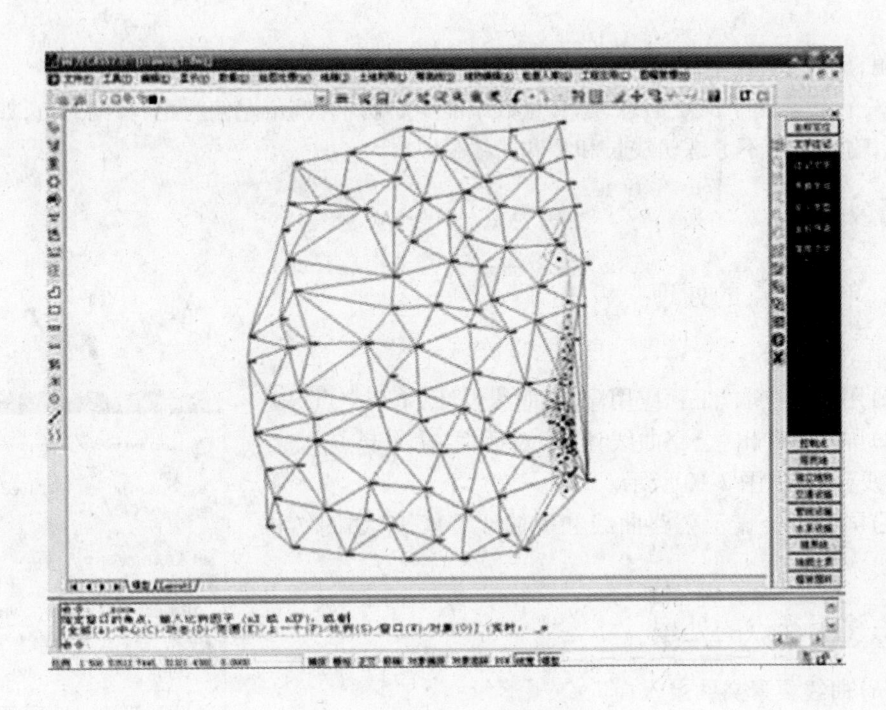

图 7-9 两期土方计算效果图

【课后自测】

(1)数字地形图成果有哪些基本应用?

(2)土方计算有哪些方法?在南方 CASS 软件中如何进行?

任务二 数字地形图在工程建设中的应用

【任务描述】

对于一直线路的起点、交点和各个曲线要素,利用 CASS 进行相应的公路曲线设计。

【任务解析】

当设计人员给出圆曲线或者缓和曲线的基本要素时,系统就可以根据基本要素算出测设曲线的放样参数,并绘出曲线以及注记曲线的特征点。下面分别对单个交点和多个交点两种情况为例说明曲线的设计与操作方法。

【相关知识】

公路文件用于输入公路曲线设计的已知要素,“计算与应用”下的“公路曲线要素录入”可由用户交互建立此文件,文件格式如下:

ANGLE,端点 X 坐标,端点 Y 坐标,起始里程;

JD 交点序号,K 里程公里数 + 里程不足公里数,X = 交点的 X 坐标,Y = 交点的 Y 坐标,

A = 偏角，R = 圆曲线半径，T = 切线长，L_h = 缓和曲线长。

每一行代表一个交点信息，总交点数不能少于两个；偏角左偏为正，右偏为负，如仅计算圆曲线，输入时可不考虑切线长和缓和曲线长。

【任务实现】

一、单个交点的处理

操作过程如下：

(1)用鼠标点取“工程应用\公路曲线设计\单个交点”。

(2)屏幕上弹出“公路曲线计算”对话框，输入起点、交点和各曲线要素，如图 7-10 所示。

(3)屏幕上会显示公路曲线和平曲线要素表，如图 7-11 所示。

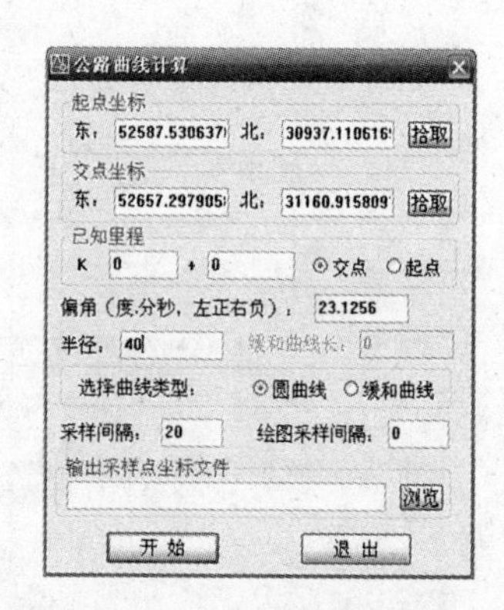

图 7-10 “公路曲线计算”对话框

二、多个交点的处理

(一)曲线要素文件录入

鼠标选取“工程应用\公路曲线设计\要素文件录入”，命令行提示：“(1)偏角定位(2)坐标定位：”选“偏角定位”则弹出要素输入框，如图 7-12 所示。选“坐标定位”则弹出要素输入框，如图 7-13 所示。

(二)要素文件处理

鼠标选取“工程应用\公路曲线设计\曲线要素处理”命令，弹出如图 7-14 所示对话框。

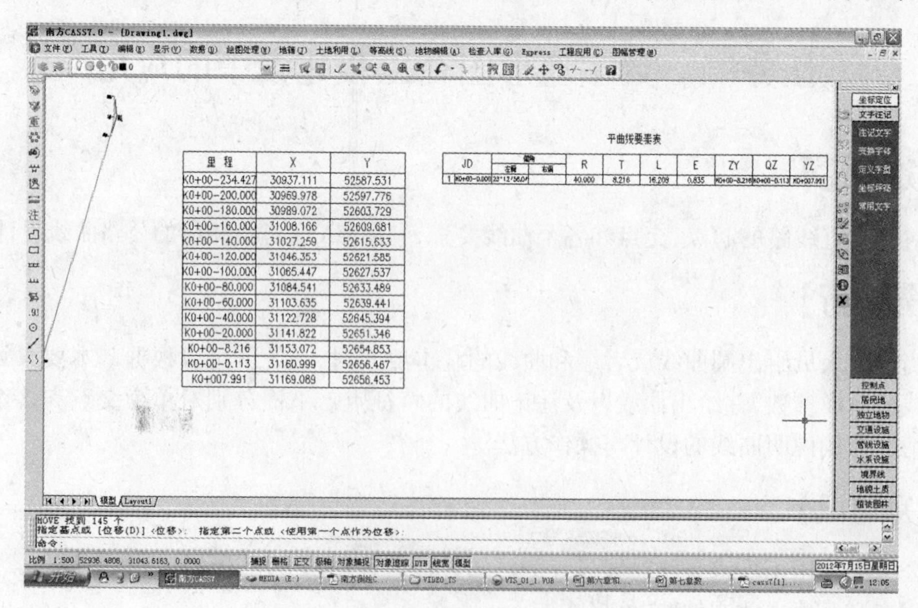

图 7-11 公路曲线和平曲线要素表

公路曲线要素录入

要素文件名

Program Files\CASS70\DEMO\公路曲线.qx 浏览

确 定

起点信息

坐标：东 53416.004 北 31358.846 拾取

里程：K 0 + 0

取 消

起始方位角：12.2356 度.分秒

至第一交点距离：30 米

交点信息

点名	半径	缓和曲线长	偏角	距离
1	30.000	0.000	23.2354	20.000
2	40.000	0.000	35.3541	30.000
3	35.000	0.000	30.3541	35.000

点名：3 半径：35 缓和曲线长：0 插入(I)

坐标：东：0 北：0 拾取 更新(C)

偏角(左+右-) 30.3541 度.分秒 至下点距离 35 米 删除(D)

图 7-12　偏角法曲线要素录入

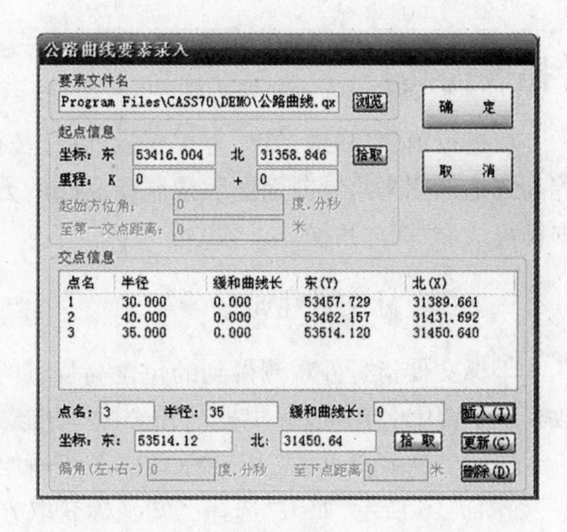

图 7-13　坐标法曲线要素录入

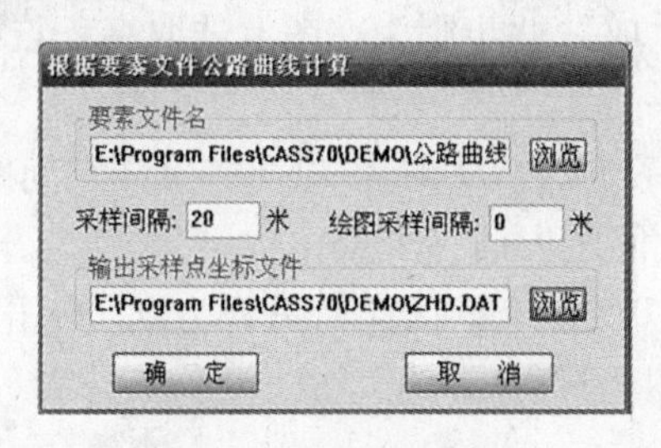

图 7-14　要素文件处理

在要素文件名栏中输入事先录入的要素文件路径，再输入采样间隔、绘图采样间隔。“输出采样点坐标文件”为可选。点击“确定”按钮后，在屏幕指定平曲线要素表位置后绘出曲线及要素表，如图 7-15 所示。

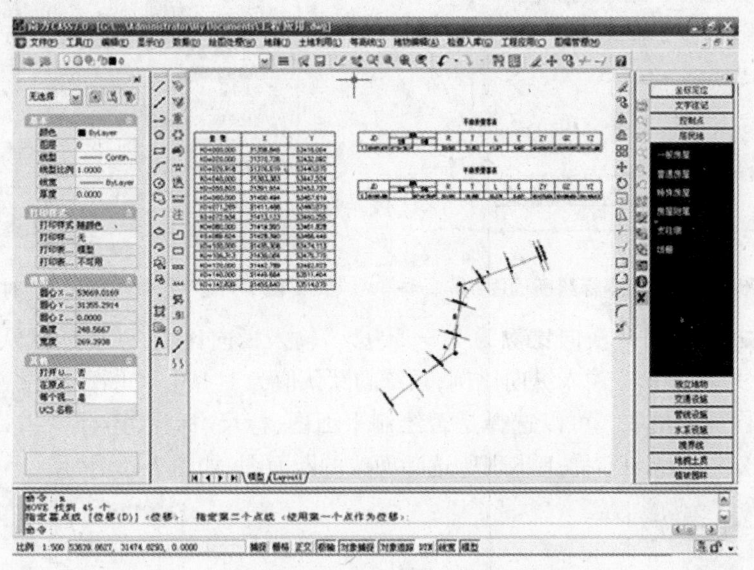

图 7-15　公路曲线设计要素表

【拓展提高】

在进行道路、隧道、管线等工程设计时，往往需要了解线路的地面起伏情况，这时可根据等高线地形图来绘制断面图。绘制断面图的方法有四种：根据已知坐标、根据里程文件、根据等高线、根据三角网。

一、由坐标文件生成

坐标文件指野外观测得到的包含高程点的文件，方法如下：先用复合线生成断面线，点取“工程应用\绘断面图\根据已知坐标”功能。

提示：“选择断面线”用鼠标点取上步所绘断面线。屏幕上弹出“断面线上取值”对话框，如图 7-16 所示，如果“选择已知坐标获取方式”栏中选择“由数据文件生成”，则在“坐标数据文件名”栏中选择高程点数据文件。

如果选“由图面高程点生成”，此步则为在图上选取高程点，前提是图面存在高程点，否则此方法无法生成断面图。

首先，输入采样点间距：系统的默认值为 20 m。采样点间距的含义是复合线上两顶点之间若大于此间距，则每隔此间距内插一个点。

其次，输入起始里程 <0.0> 系统默认起始里程为 0。点击“确定”按钮之后，屏幕弹出“绘制纵断面图”对话框，如图 7-17 所示。

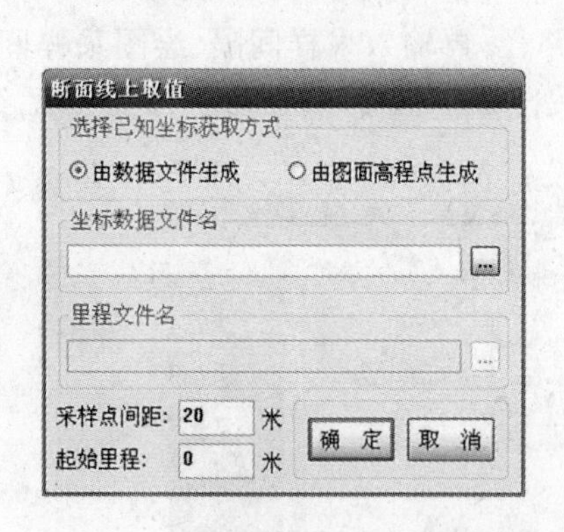

图 7-16 根据已知坐标绘断面图

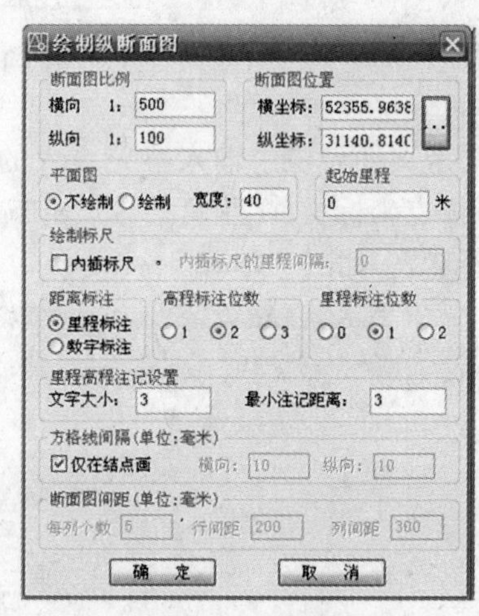

图 7-17 “绘制纵断面图”对话框

输入相关参数，如：“横向比例为 1: <500>”输入横向比例，系统的默认值为 1∶500。“纵向比例为 1: <100>”输入纵向比例，系统的默认值为 1∶100。“断面图位置：”可以手动输入，亦可在图面上拾取。可以选择是否绘制平面图、标尺、标注，还有一些关于注记的设置。点击“确定”之后，在屏幕上出现所选断面线的断面图，如图 7-18 所示。

二、根据里程文件

根据里程文件绘制断面图，一个里程文件可包含多个断面的信息，此时绘断面图就可一次绘出多个断面。里程文件的一个断面信息内允许有该断面不同时期的断面数据，这样绘

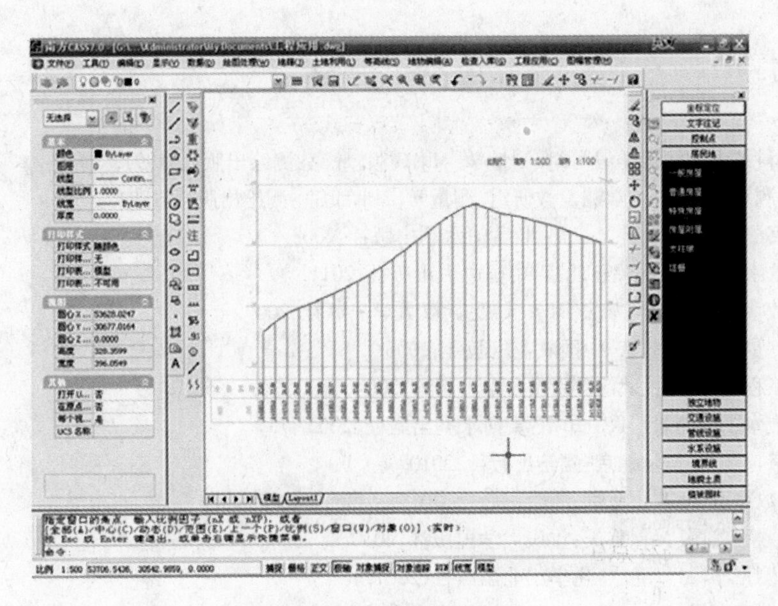

图 7-18 纵断面图

制这个断面时就可以同时绘出实际断面线和设计断面线。

三、根据等高线

如果图面存在等高线,则可以根据断面线与等高线的交点来绘制纵断面图。选择"工程应用\绘断面图\根据等高线"命令,命令行提示:"请选取断面线:"选择要绘制断面图的断面线;屏幕弹出"绘制纵断面图"对话框,如图 7-17 所示;操作方法详见"一、由坐标文件生成"。

四、根据三角网

如果图面存在三角网,则可以根据断面线与三角网的交点来绘制纵断面图。选择"工程应用\绘断面图\根据三角网"命令,命令行提示:"请选取断面线:"选择要绘制断面图的断面线;屏幕弹出"绘制纵断面图"对话框,如图 7-17 所示;操作方法详见"一、由坐标文件生成"。

【课后自测】

(1)如何应用数字地形图绘制断面图?

(2)试举例说明身边数字地图的应用以及在工程建设中所起到的作用。

参 考 文 献

[1] 武汉测绘科技大学测量学编写组.测量学[M].3版.北京:测绘出版社,1991.
[2] 同济大学测量系,清华大学测量教研组.测量学[M].北京:测绘出版社,1991.
[3] 纪勇.数字测图技术教程[M].郑州:黄河水利出版社,2008.
[4] 卢满堂.数字测图[M].2版.北京:中国电力出版社,2011.
[5] 潘正风.数字测图原理与方法[M].武汉:武汉大学出版社,2009.
[6] 金为民.测量学[M].北京:中国农业出版社,2006.
[7] 王金玲.工程测量[M].武汉:武汉大学出版社,2004.
[8] 王根虎.土木工程测量[M].郑州:黄河水利出版社,2005.
[9] 张博.数字化测图[M].北京:测绘出版社,2010
[10] 郭昆林.数字测图[M].北京:测绘出版社,2011.
[11] 冯大福.数字测图[M].重庆:重庆大学出版社,2010.
[12] 周建邦.测量学[M].北京:化学工业出版社,2007.
[13] 刘仁钊.工程测量技术[M].郑州:黄河水利出版社,2008.
[14] 李仕东.工程测量[M].北京:人民交通出版社,2005.
[15] 熊春宝,姬玉华.测量学[M].天津:天津大学出版社,2001.
[16] 李伍修.测量学[M].北京:中国林业出版社,1990.
[17] 河海大学测量学编写组.测量学[M].北京:国防工业出版社,2006.
[18] 刘福臻.数字化测图教程[M].成都:西南交大学出版社,2008.